"人"造生命"之父

克雷格·文特尔
J. Craig Venter

从 "贪玩少年" 到 "医学博士"

克雷格·文特尔 1946 年出生于美国犹他州盐湖城。他少年时期比较贪玩，喜欢冲浪，学习上不太用功，八年级时的成绩不是 C 就是 D。那时，文特尔只想一辈子做个沙滩边自由自在的流浪汉。

尽管反对越战，但文特尔还是被征召为美国海军的一员，做了一名野战医院的特种看护兵。在越南，他曾试图以游向深海的方式自杀，但很快就进入了鲨鱼圈。于是，刚游了 1 公里多一点儿的距离，他就改主意了。每天面对伤残甚至是濒临死亡的水兵，他对生命的意义有了深刻理解，决意去研究医学。不过，他后来转向了生物医学。

在越战期间，文特尔获得了一次去澳大利亚度假的机会。文特尔在这次旅行中结识

了新西兰女孩儿芭芭拉·雷，相谈甚欢。他们约定战后在伦敦相见。文特尔从越南回国后，直接到英国与芭芭拉·雷会面，他们一同在欧洲旅行，并毅然决定结婚。这是文特尔的第一次婚姻。

后来，文特尔与芭芭拉·雷离婚，与他的学生克莱尔·弗雷泽喜结连理，这段婚姻一直维持到 2005 年。2008 年年底，文特尔再娶了他的公关秘书希瑟·科瓦尔斯基，并花 600 万美元在加利福尼亚圣迭戈郊区的拉荷亚购买了一幢豪宅。

文特尔的大学生活是从加利福尼亚的圣马特奥学院开始的，后来转至加州大学圣迭戈分校，并在那里获得生理学和药理学博士学位。

基

因测序领域的『科学狂人』

1984 年，文特尔进入美国国家卫生研究院从事细胞表面受体研究，并逐渐对基因组研究产生浓厚兴趣。1990 年，文特尔参与到总投资 30 亿美元的"人类基因组计划"，致力于人类基因组图谱的绘制。他发明的"霰弹测序法"快速又高效，但"人类基因组计划"却对这一方法说"不"，认为这种方法的准确度不够。

1998 年，文特尔愤然离开美国国家卫生研究院，用 3.3 亿美元的私人投资创办了赛莱拉公司，一人单挑"人类基因组计划"

的 6 国科学家，声称要在 3 年内完成人类基因组序列的测定。此时，"人类基因组计划"已运转 8 年，仅完成 3% 的测序任务。

2000 年 4 月，文特尔宣布，他们已经完成了人类基因组的测序工作，比"人类基因组计划"的预计完成日期整整提前了 3 年。

由于他的杰出贡献，文特尔被美国 A&E 电视网评为 2000 年的"年度风云人物"。他不愧为基因测序领域的"科学狂人"。

"人"造生命"之父

由于文特尔致力于发展基因测序业务，而赛拉莱公司董事会觉得开发新药更有前途，因此，文特尔在 2002 年被他一手创建的赛拉莱公司扫地出门。

于是，文特尔创办"文特尔研究所"继续研究合成生物技术，并亲任所长。

2003 年，文特尔合成了噬菌体 phi X$_{174}$ 的 DNA。2008 年，文特尔合成了生殖支原体的基因组。2010 年 5 月，文特尔领导的团队成功地合成了包含 110 万个碱基对的丝状支原体基因组，然后将其移植到山羊支原体细胞中。培养皿中的"蓝色菌落"宣告了第一个人造细胞的诞生。正是因为这一重大成就，人们把文特尔称为"人造生命"之父！

文特尔在合成生物领域走在世界的最前沿，并获得无数奖项。他是"盖尔德纳"奖、"尼伦伯格"奖、"双螺旋"奖、"基斯特勒"奖、"埃尼"奖和"迪克森"医学奖获得者。

2007 年、2008 年，文特尔连续两年入选《时代周刊》"全球最具影响力的 100 人"榜单。2010 年，在英国杂志《新政治家》评选的"世界最具影响力的 50 人"榜单上位列第 14。2013 年，在《前景》杂志"最伟大思想家"的评选中，文特尔列第 24 位。

2008 年，文特尔荣获美国"国家科学奖"，奥巴马总统亲自为其颁发奖牌！

生命的未来

从双螺旋到合成生命

Life at the Speed of Light

[美] 克雷格·文特尔（J. Craig Venter）◎著 贾拥民◎译

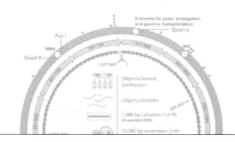

浙江人民出版社
ZHEJIANG PEOPLE'S PUBLISHING HOUSE

谨以此书献给

创造了有史以来
第一个合成细胞的研究团队
所有成员

我的"薛定谔演讲"

2012 年 7 月 12 日，我应圣三一学院的邀请到都柏林发表演讲，这次演讲时值著名物理学家、诺贝尔奖得主薛定谔初次发表他的《生命是什么》系列演讲整整 70 年之后。主办者要求我再次论述薛定谔当初提出的伟大主题，并且希望我在现代科学的基础上，就有关"生命的定义"这一深奥的问题提出新的洞见和答案。显而易见，对于这个问题，几乎每个人都非常有兴趣，个中原因可谓不言自明。我本人也不例外，不过我还有一些个人的原因。我年轻时曾在越南当过医护兵，在那个时候，我无比惊异地发现，"有生命的"与"无生命的"两者之间的区别竟是如此的微妙：一张小小的纸巾就能把活着的、有呼吸的人与死人区分出来；甚至在良好的医疗护理下，存活下去的可能性也仍然部分依赖于病人积极向上的思想和乐观开朗的心态。这就证明，高度的复杂性源于活细胞的组合。

在一个美好的星期四晚上，时间是下午 4：30，得益于数十年来分子生物学的发展，我终于走上了薛定谔曾经站过的那个讲台。像他一样，我也是在爱尔兰总统面前发表演讲的。唯一不同的是，现在这个礼堂已经成了圣三一学院的考试大厅，但是讲台仍然是那个无与伦比的讲台。在巨大的枝形吊灯的照射下，站在威廉·莫利纽兹（William Molyneux）和乔纳森·斯威夫特（Jonathan Swift）等人的肖像画下面，我注视着讲台下 400 位听众，所有人的脸上都浮现出翘首以待的表情；数不尽的式样各异的摄像机闪耀着令人眩目的亮光。当然，我还知道，与薛定谔当初发表演讲时不一样的是，我这个演讲将会被录音、被现场实况转播、被写进博客，还将会在 Twitter 上被大量推送，尽管我所要回答的问题，就是我的前辈们已经付出过许多努力试图给出答案的那同一个问题。

在演讲开始后的 60 分钟时间里，我向听众详细地解释了 DNA 是如何驱动生物机器运行并最终组成生命的。所有活的细胞都在运行着 DNA 这个"软件"，它指挥着成千上万个"蛋白质机器人"。自从我们人类第一次搞清楚如何通过对 DNA 进行排序来解读这个"生命的软件"以来，我们对生命进行数字化操作的历史已经有几十年了。现在，我们可以从计算机数字代码出发，走到另一个方向，即我们能够设计出一种新的生命形式，用化学的方法合成它的 DNA，然后用它来"生产制造"出实实在在的生命有机体。这是因为，我们现在可以对所有的信息进行数字化处理，并且能够将它们以光的速度发送到任何地方，并且最终能够重组 DNA，再造生命。坐在爱尔兰总统恩达·肯尼（Enda Kenny）旁边的是詹姆斯·沃森①，沃森一直自称是我的老牌竞争对手。在我的演讲结束之后，沃森走上讲台，握着我的手，大方地祝贺我发表了"一个非常美妙的演讲"。

《生命的未来》这本书的部分内容就是在圣三一学院演讲的基础上写成的。本书的宗旨是，将我们现在已经取得的令人难以置信的进展描述清楚。自薛

① DNA双螺旋结构发现者，其经典著作《双螺旋》即将由湛庐文化策划出版。——编者注

定谔发表《生命是什么》系列演讲到现在，才过了 70 多年，说起来这只不过相当于一个人的生命周期。但是在这段时间里，我们确实已经取得了极大的进展。从薛定谔的"非周期性晶体"（aperiodic crystal）到对遗传密码的正确理解，再到第一个合成染色体的成功构造，又到制造出第一个人造细胞，从而最终证明 DNA 就是生命的"软件"，这些伟大成就是建立在过去半个多世纪以来的各项巨大进展的基础之上的，也是来自世界各地的许多杰出科学家在各自的实验室里不断努力的共同成果。

在本书中，我将对分子和合成生物学领域中的进展进行一个综述，一方面是对这个史诗般的事业和成就的致敬，另一方面是对那些为这个伟大事业做出杰出贡献的无数重要科学家的致谢。当然，我的目的并不是对合成生物学的发展历史做一个全面、完整的描述，而是希望借此阐明，被我们称为"科学"的这项事业，它的力量固然无比巨大，但是它也极其需要所有人齐心协力进行合作。

现在，作为数字化信息的 DNA 不仅能够在计算机数据库中实现不断的积累，而且能够通过生物传送器以一种电磁波的形式以光速或者接近光速进行传输，从而在一个遥远的地方重新创造出蛋白质、病毒和活的细胞，或许这将永远地改变我们对生命的看法。随着这个对生命的全新理解以及我们驾驭生命的能力的逐步扩展，我们有力地敲开了一扇全新的蕴含着无限可能性的大门。这是极其激动人心的。

扫码关注"庐客汇"，回复"生命的未来"，直达彩蛋：《文特尔：两次成功合成新生命的科学狂人》。

随着工业化时代接近尾声，我们有幸见证了"生物设计时代"的来临。人类即将进入一个全新的演化阶段。

目 录

薛定谔认为，生命现象一定能通过物理学和化学来解释，染色体一定包含了"很多种能够决定个体未来发展的完整模式的密码本"。1953 年，沃森和克里克发现了 DNA 双螺旋结构，这标志着人类迈出了重要一步；2010 年，文特尔利用合成 DNA 创造了第一个"人造细胞"，这预示着合成生命时代向我们走来。

第一部分　　**生命是什么**

01　　**"合成生命"是可能的吗？**　　/013

德国化学家维勒通过化学方法合成尿素，虽然并未对"活力论"造成实质性影响，却吹响了反击的号角。我们唯一需要做的就是用化学物质创造出一个人造生命。当我们创造第一个合成细胞时，我们在某种意义上"扮演了上帝的角色"。

合成尿素，一个对神秘生命力说"不"的故事
形形色色的"活力论"

整个基因组的移植，完成了"不可能完成的任务"。

历史上的细胞核移植
基因组移植：从丝状支原体到山羊支原体
蓝色菌落，移植成功的重要标志
"不可能完成的任务"：改变物种！

第三部分 **生命的未来**

"火星人"的DNA序列，那么，只需要4.3分钟把"火星人"的基因序列发送回地球，我们就可以在地球上的实验室里重造"火星人"！

译者后记　/249

你不是一个人在读书！
扫码进入湛庐"科技与趋势"读者群，
与小伙伴"同读共进"！

引 言

合成生命时代向我们走来

薛定谔认为，生命现象一定能通过物理学和化学来解释，染色体一定包含了"很多种能够决定个体未来发展的完整模式的密码本"。1953 年，沃森和克里克发现了 DNA 双螺旋结构，这标志着人类迈出了重要一步；2010 年，文特尔利用合成 DNA 创造了第一个"人造细胞"，这预示着合成生命时代向我们走来。

LIFE *AT*
THE SPEED
OF LIGHT

在一个生命有机体的范围内，那些发生在空间上和时间上的事件，如何用物理学和化学知识来解释呢？在解释这些问题的时候，当前的物理学和化学明显表现出了"无能为力"的状态，但这绝不能成为我们合理怀疑这些事件可以用物理学和化学方式来解释的理由。

—— 埃尔温·薛定谔，《生命是什么》

"生命是什么"就这简简单单的五个字，却引发出了无数极具挑战性的问题。到底是什么把生命体从无生命体中分离了出来？构成生命的基本要素是什么？最早的生命体出现在哪里？第一个生命有机体是如何演化的？生命无处不在吗？在宇宙中到底存活着多少生命？如果在外星存在着其他生命物种，那么它（他）们是跟我们一样有智慧吗，还是比我们更加聪明？

直到今天，在生物学的各个领域中，所有这些关于生命本质和起源的问题仍然持续引发着最广泛、最激烈的争论。在一定程度上，我们可以说，生物学整个学科归根到底是依赖于生命这种现象的。幸运的是，对于上述这些问题的答案，虽然我们现在仍然处于艰苦的探索过程当中，但是在过去的几十年里，我们已经取得了巨大的进步。事实上，我们记忆犹新的这些最新进展，比现代意义上的人类出现在地球上之后十多万年以来所取得的全部成就还要巨大。我们现在已经进入了我所说的"数字化生物时代"；在这个时代，原本属于不同领域的计算机程序和用来对生命进行编程的技术开始合二为一，出现了新的协同效应。在这种效应的推动下，全新的演化方向将会出现，而且演化方式也将变得非常"激进"。

薛定谔的"密码本"

如果非要让我对我心目中认定的现代生物科学诞生的时间和地点做一个选择，那么我会选择 1943 年 2 月的都柏林。因为正是从那个时候开始，奥地利物理学家埃尔温·薛定谔（Erwin Schrödinger，1887—1961）把他所有的注意力都集中到了生物学领域的一个核心问题上。1939 年薛定谔把家安在了都柏林，一方面是为了逃避纳粹的迫害，另一方面是因为这个城市能够包容他非传统的家庭生活方式（他过着"三人行"式的家庭生活，在精神上追求"激烈的性冒险"），另外也出于当时的爱尔兰总统埃蒙·德瓦勒拉（Éamon de Valera）的提议，德瓦勒拉在很早以前就曾经邀请薛定谔去都柏林工作。

薛定谔是量子力学中波动方程的提出者，因为这个贡献，他于 1933 年获得了诺贝尔奖。他提出的波动方程非常强大，能够解释下自亚原子微粒、上至宇宙本身，以及介于这两者之间的任何事物的行为。十年之后，在都柏林高等研究院的赞助下（这个研究院本身就是薛定谔他在德瓦勒拉的帮助下成立的），薛定谔在都柏林的圣三一学院举办了一个系列讲座活动，前后共发表了三次演讲。直到今天，这些演讲的内容仍然经常被人们引用。薛定谔给这个系列讲座确定的题目是《生命是什么：活细胞的物理学观》。这是从现代物理学的角度对活细胞所进行的一次考察，系列讲座部分是因为薛定谔受父亲在生物学方面的兴趣所鼓舞的结果，部分则是因为他被一篇发表于1935年的论文所激发的结果。这篇论文源于第二次世界大战前德国物理学和生物学的一次早期碰撞。在当时，德国物理学家卡尔·齐默（Karl Zimmer）和马克斯·德尔布吕克（MaXDelbrück）曾经与苏联的遗传学家尼古拉（Nikolai Timoféeff-Ressovsky）一起研究过一个课题：估算基因的大小（"大约为1 000个原子"）。他们的估算是建立在X射线破坏果蝇基因的能力和引起果蝇基因突变的能力的基础上的。

薛定谔是在1943年2月5日（那一天是星期五）下午4:30开始他的系列演讲的，当时爱尔兰总统就坐在他对面的观众席上。一个在现场的《时代周刊》记者为我们留下了这样的描述："演讲现场人满为患，大量的听众被拒之门外。在场的内阁部长们、外交官们、学者们和社会名流们则不停地大声喝彩。这个出生在维也纳的物理学教授的雄心壮志远远超过了任何一位数学家。"第二天，《爱尔兰时报》（*The Irish Times*）刊登了一篇题为《活细胞和原子》的文章，该文一开头就强调，薛定谔的目标是，试图只利用物理和化学原理就搞清楚活细胞内部发生的各种"事件"。这个演讲非常受人欢迎，以至于薛定谔不得不在接下来的那个星期再一次发表了同一个系列演讲。

对自己的演讲稿进行了一番整理和修改之后，薛定谔写出了一本小册子，并在第二年公开出版。这本小册子就是《生命是什么》（*What Is Life?*）。它出版那年，正好是我出生的前两年。《生命是什么》这本书已经影响了一代又一代生物学家。在薛定谔发表这些举世瞩目的演讲 50 年周年之际，圣三一学院的迈克尔·P. 墨菲（Michael P. Murphy）和卢克·A.J. 奥尼尔（Luke A. J. O'Neill）组织了一个隆重的纪念活动，许多学科领域的杰出科学家都应邀前来参加——被列入来宾名单当中久负盛名的客人包括：贾雷德·戴蒙德（Jared Diamond）、斯蒂芬·杰·古尔德（Stephen Jay Gould）、斯图尔特·考夫曼（Stuart Kauffman）、约翰·梅纳德·史密斯（John Maynard Smith）、罗杰·彭罗斯（Roger Penrose）、路易斯·沃尔伯特（Lewis Wolpert）和诺贝尔奖得主克里斯汀·德·迪夫（Christian de Duve）和曼弗雷德·艾根（Manfred Eigen）。这个庆典活动还有一个重要目的，那就是，预测接下来半个世纪的"主宰"将会是什么。《生命是什么》这本书是我的最爱，我至少已经在不同的情境下读过五遍了。每一次阅读它的时候，我本人都处于职业生涯的不同阶段，因此它每一次都能给我带来了不一样的信息以及全新的感受和意义。

薛定谔的这本小册子之所以拥有如此强大的影响力，恰恰是因为它所要表达的中心内容是极其简单明了的。在这本书中，薛定谔从一个全新的角度对生物学的核心问题进行了正面冲击：遗传以及生物体是如何利用能量来保持自身"有序"的？薛定谔的观点清晰而简洁。他认为，生命必须遵守物理法则，由此出发就可以得到一个必然的推论：我们必定能够利用物理法则来得到一系列有关生命本质的重要结论。薛定谔发现，染色体一定包含了"很多种能够决定个体未来发展完整模式的密码本（code-script）"。他推断，密码本必定包括"一个秩序井然的原子联盟，它拥有足够的电阻以保证秩序的永久性"。薛定谔还解释了，在一个"非周期性晶体"内的原子数量是如何携带了足够多的遗传信息的。他使用"晶体"这个术语来暗示它的稳定性，并用此来刻画它"非周期性"的特点，即这与那种周期性的、重复性的模式是不一样的。对此，《爱尔兰时报》的解释是，这就像是"用一张普通花纹的墙纸与一条有精致刺绣的挂毯相比"。非周期性意味着可能包含着更高的信息含量。薛定谔认为，这个晶体内大量的原子的排列并不是十分复杂，它很可能是与二进制代码一样的最基本的东西，比如说，与莫尔斯电码类似。据我所知，在所有提到遗传密码的人当中，薛定谔是有史以来第一个认为它如同二进制代码一样简单的科学家。

就生命而言，最显著的一个特征就是，它拥有创造秩序的能力，即从我们的混乱化学环境中"培育"出一个复杂而有序的"身体"。乍一看来，这个能力似乎是一个奇迹，它颠覆了悲观的热力学第二定律，即一切事物都倾向于从有序走向无序。但是，热力学第二定律只适用于一个"封闭式系统"，比如说一个密封的试管，然而有生命的物体却都是开放式的（或者是一个更大的封闭系统中的一小部分），它们融合在周围的能量和质量当中。生命体花费大量的精力去创造有序而复杂的细胞形式。

薛定谔有许多演讲都致力于解释生命热力学，但相对于他本人有许多重要洞见的遗传学和分子生物学领域，他对这个主题的研究不那么充分和深入。对于生命，薛定谔是这样描述的：生命"本身就是一条浓缩的'有序的河流'送给我们的礼物，这样一来，生命就可以避免在'原子的混乱无序'中衰败的命运，而且能够从适宜的环境中汲取'秩序'来维持自身"。薛定谔力图搞清楚的是，一个"非周期性晶体"是如何参与到这个创造性的"伟大壮举"当中的：密码本内置了一些重新组织附近的化学物质的方法，这样就能够在那巨大的熵流中利用"涡流"，保证自身以细胞或身体的形式生活下去。

在第二次世界大战中，美国为了制造原子弹，组织了"曼哈顿计划"，无数科学家都参加了这个庞大的项目，并做出了巨大的贡献。不过，随着时间的推移，对于这个计划的"伟大意义"，许多物理学家和化学家开始不再抱有幻想。在这种情况下，薛定谔提出的这些假说极大地激发了他们的兴趣，使他们把注意力转向了生物学。值得注意的是，在薛定谔发表上述系列演讲的时候，科学界的共识是，形成遗传物质的基础是蛋白质而不是DNA。直到1944年，才出现了第一个明确的证据确凿无误地证明，是DNA而不是蛋白质才是信息的载体。事实上，促使美国的詹姆斯·沃森和英国的弗朗西斯·克里克（Francis Crick）去全力探索密码本奥秘的，正是薛定谔的《生命是什么》这本书；这最终使得他们破译了DNA：他们发现了生物学中最完美的结构——双螺旋链，在这条链当中，隐含着所有的遗传密码。在双螺旋链中，每一条链都是与其他链互补的；它们按相反的方向（反向平行）延伸。因此，这个双螺旋链可以从中间任何一点解开，而且每一条链都可以作为另一条链的模板或样板，这样一来，DNA所包含的信息就可以被复制并进一步传递给子孙后代。1953年8月12日，克里克给薛定谔写了一封信，里面就说到了这些内容，并且还加上了一句："您提出的那个'非周期性晶体'的术语运用得非常恰当。"

这个密码本到底是怎样发挥作用的呢？到了20世纪60年代，具体精确的细节已经被科学家们揭示出来了，密码本得到了破译。在此基础上，克里克在1970年提出了"中心法则"（central dogma），明确了遗传信息在生物学系统传递的具体途径和方式。到了20世纪90年代，我带领的一个研究团队破解了第一个活细胞的基因组；然后我又带领另一个研究团队破译了人类基因组。我的这个团队是世界上两大旨在解读人类密码本的顶尖科研团体之一。我们与沃森及其他一些科学家展开了高调的"竞赛",这种竞争不但非常激烈,而且在竞争过程中往往很容易触怒对方,甚至还带有一定的政治性。最后,在世纪之交来临之际,我们团队获得了第一个意义非凡的、真正包含了人类生命全部编码信息的非周期性晶体的详细密码本。

在薛定谔的思想中隐含着这样一个观念:在生命的第一缕曙光刚刚开始出现的时候,密码本就已经发送出了它的信号,这个时间大约为距今 40 亿年前。后来的许多学者都对薛定谔这个思想进一步展开了论述。例如,生物学家兼著名科普作家理查德·道金斯(Richard Dawkins)[1]就在这个思想的基础上提出了"伊甸园之河"这个能够唤起我们想象的形象比喻。这条缓缓流淌的河流由信息以及能够创造出生命的编码构成。一个要点是,DNA 在复制过程中的"忠诚度"并不是那么完美的,在"代代相传"的过程中,不可避免地伴随着氧化、磨损以及紫外线的损害,这些足以引起 DNA 的变化,进而产生许多新变异出来的物种。由此而导致的结果是,这条"河流"开始分裂,分出了许多岔道,这就是说,在数十亿年的生命演化过程中产生了无数新的物种。

早在半个世纪以前,伟大的演化遗传学家木村资生(Motoo Kimura)就曾经估计过,在过去的五亿年里,遗传信息的数量增加了一亿比特。DNA密码本已经开始统治生物学,以至于 21 世纪的生物学将转变成一门信息科学。对于这个趋势,诺贝尔奖得主、南非生物学家悉尼·布伦纳(Sydney Brenner)评论道:密码本"必然会成为生物学理论的核心"。现在,分类学家已经开始使用 DNA 条形码来区分不同的物种了。其他一些人则开始利用DNA 进行计算,或者把 DNA 作为储存信息的一种方式。至于我自己,努

[1] 《道金斯传》(全2册)由湛庐文化策划,北京联合出版公司于2016年6月出版。——编者注

力的方向并不仅仅局限于解读生命的数字密码，我的目标还要更进一步，把它写出来，并且在计算机里模拟出来，直至对它进行重组以构建出全新的活细胞。

LIFE AT THE SPEED OF LIGHT

第一部分
生命是什么

From the Double Helix to the Dawn
of Digital Life

01

"合成生命"是可能的吗?

德国化学家维勒通过化学方法合成尿素,虽然并未对"活力论"造成实质性影响,却吹响了反击的号角。我们唯一需要做的就是用化学物质创造出一个人造生命。当我们创造第一个合成细胞时,我们在某种意义上"扮演了上帝的角色"。

LIFE *AT*
THE SPEED
OF **LIGHT**

这种类型的合成生物学，不仅对创造人造生命提出了巨大挑战，同时也对我们定义生命理论提出了重大难题。如果生命只不过是一个有能力进行达尔文式演化的、能够自我维持的化学系统，而且如果我们能够真正理解化学是如何支撑演化的，那么我们就应该能够合成一个有能力进行达尔文式演化的人造化学系统。而如果我们真的成功地做到了这一点，那么也就证明了支撑上述成功的这些理论实质上是"赋权性"的；相反，如果我们不能通过努力创建一个化学系统来创造人造生命，那么我们就必须承认，我们的生命理论是有缺陷的。

—— 史蒂芬·A.本尼尔

长期以来，人类一直痴迷于人造生命的概念。从中世纪帕拉塞尔苏斯的侏儒，到犹太民间传说中有生命的泥人，再到玛丽·雪莱创作的《弗兰肯斯坦》和《银翼杀手》中的"复制人"，各种神话、传说以及通俗文学作品中到处都充斥着合成生命以及机器人的故事。然而，如何给出一个精确的定义，以便恰当地刻画出生命体和非生命体之间的差异以及生物生命和机器生命之间的区别，却依然是科学和哲学面临的一个重要的、不断被重新提起的难题。

几个世纪以来，科学研究的一个主要目标就是，我们必须在最基本的层面上理解生命，然后才是学会控制生命。出生于德国的美国生物学家雅克·洛布（Jacques Loeb，1859—1924）或许是第一位真正意义上的生物工程师。洛布的实验室广泛分布于芝加哥、纽约、伍兹霍尔和马萨诸塞等地，在这些实验室里，他埋首于制造他在1906年出版的著作《生命物质动力学》（*The Dynamics of Living Matter*）中曾经提到过的"经久耐用的机器"。洛布创造出了双头蠕虫和其他许多东西，其中最著名的是他在没有受精的情况下使海胆卵子独自发育成为胚胎。洛布的探索给辛克莱·刘易斯（Sinclair Lewis，1885—1951）无穷的灵感，后者塑造了马克斯·戈特利布这个人物形象。马克斯·戈特利布是刘易斯于1925年出版的小说《阿罗史密斯》中的一个人物。这部小说为刘易斯赢得了普利策文学奖，它也是第一部理想化的纯科学研究巨著，里面特别提到了具有抗病毒能力的噬菌体。

菲利普·J. 保利（Philip J. Pauly）在《控制生命：雅克·洛布和生物学工程理想》（*Controlling Life: Jacques Loeb and the Engineering Ideal in Biology*）一书中曾经引用过洛布写给奥地利物理学家兼哲学家恩斯特·马赫（Ernst Mach，1838—1916）的一封信。在这封信中，洛布这样写道："现在，有一个想法一直在我的脑海中盘旋：人类自身可以成为一个造物主，他们甚至能够依据自己的意愿创造出一个生物世界，人类至少能够掌握'创造有生命的物质的技术'。"15年后，洛布在为自己的科学论文集作序时对这个想法进行了更加深入的解释，他写道："尽管主题各不相同，但是收集在这部论文集中的所有文章都渗透着一个主导思想，即我们有可能让生命处于我们的掌控之下。生物学的目的就是控制生命，别无其他。"

事实上，早在洛布与马赫通信的很多个世纪之前，洛布这种生命机械论思想的起源就能窥见一斑了。那就是与神创论生命理论形成了鲜明对照的"唯物主义"生命理论。（神创论生命理论是以某种"物质"本体之外的非物理过程和某种超自然的创造生命的方式为基础的。）恩培多克勒（Empedocles，前490年—前430年）认为，所有东西——包括生命——都是由四种永恒的"元素"或"一切的根"所构成的，这四种元素是土、水、空气和火。亚里士多德（Aristotle，前384年—前322年）也是最早的"唯物主义者"之一，他把整个世界分为三大类：动物、植物和矿物。直到今天，我们的学校教育依然是这样进行分类的。1996年，我带领的研究团队完成了对第一个古生菌基因组的测序工作。这个序列被许多人赞誉为是代表生命的第三大分支的古生菌的重要证据之一——首次提出古生菌这个生命分支的人是美国微生物学家卡尔·乌斯（Carl Woese, 1928—2012）。这个消息一传出去，电视节目主持人汤姆·布罗考（Tom Brokaw）便反问道："我们已经有了动物、植物和矿物，那么新的分支还能是什么呢？"

随着理解的深入，思想家们变得更加雄心勃勃了。在古希腊时代，改变自然以满足人类欲望或试图控制自然的想法都被认为是极其荒谬的。但是，自从16世纪科学革命发生以来，科学的主要目标已经不仅限于在最基本的层面上研究宇宙了，而是要控制宇宙。实际上，英国博物学家、经验主义创始人弗朗西斯·培根（Francis Bacon，1561—1626）早就阐述过"动手去做"胜于"坐而论道"这个道理了。他认为，希腊人"真的具有孩子的特征，他们敏于喋喋多言，却从来不可能动手去做出什么东西来；因为他们的智慧原本就是擅于文字而贫于行动的。……过了这么多年之后，从希腊人创造的任何一个体系中，以及从所有这些体系中衍生出来的各门学科中，竟然仍然找不到一个实验是用于改善人类境况或增进人类福祉的"。

培根在他1623年出版的乌托邦式小说《新亚特兰蒂斯》（New Atlantis）里描绘了他心目中未来社会的轮廓。这个想象中的世界充斥着人类的发明创造和发现成果，他甚至还设想了一个由国家支持的科研机构——所罗门学院。他写道，建立这个学院的目的是"取得自然界的统治权并且尽可能地去影响一切事物"。他还在这本小说里描述了一些对"野兽和鸟类"所做的实验。事实上，这些实验有点儿像是在进行基因改造。"使用人工手段我们能够使它们变得比正常品种更大或更小，也可以使它们侏儒化或停止生长；还可以使它们变得比普通品种更多地生育和繁衍，或者相反地，使它们不生育或失去传宗接代的能力；我们也可以使它们在颜色、外形、活动及其他诸多方面发生变异。"培根甚至提到了设计生命的能力："这并非巧合，而是我们早已知道哪些生物可以混合和杂交，这种混合和杂交将会产生什么样的新物种。"

而在这个试图征服自然的过程中，所有科学成果都要联合起来共同为人类服务。我们知道，勒奈·笛卡尔（René Descartes，1596—1650）是光学先驱，但在提到他的时候，我们更常想到的是"我思故我在"这句名言。在他的《方法论》（*Discourse on the Method*）一书中，笛卡尔期待着，终有一天，人类将会成为"自然界的掌控者和所有者"。笛卡尔和他的后继者们都把对自然现象的机械论解释拓展到了生物领域，并且探索了这种拓展的内在意蕴。然而，从这一类伟大的努力诞生之日起，批评者们就表达了一系列反对意见，他们认为，在追求对自然更加高效的掌控过程中，人们有可能会忽略许多重要的道德问题和哲学问题。毫无疑问，随着这种浮士德式的现代科学精神的兴起，引发了一场有关人类"扮演上帝"这种做法的争论。

毫无疑问，对某些人来说，假设人类能够"扮演上帝"的最佳证明是，在实验室里创造出一些活的生命体。在《自然与生命的起源：源于新的知识》（*The Nature and Origin of Life: In the Light of New Knowledge*）一书中，法国生物学家和哲学家费利克斯·勒·当泰克（FeliXLe Dantec，1869—1917）曾经讨论过这样一个问题：现代物种是从早期的非常简单的有机体演化而来或者"变种"而来的。在达尔文主义盛行之前，法国学者经常用"种变论"（transformism）这一术语来讨论物种变化。勒·当泰克说，这种早期的非常简单的有机体是"具有最少的遗传特征的生命原生质"。在那本书中，他写道："阿基米德说过一句名言，'给我一个支点，我将撬起整个地球'。当然，阿基米德是在象征和比喻的意义上这样说的，因为如果只从字面上的意义来看，这句话无疑是相当荒谬的。类似地，今天的种变论者也完全有权力说：给我一个活的原生质，我就能再造一个完整的动物和植物王国。"当然，勒·当泰克清醒地意识到，这项任务极其艰巨，仅凭他自己所掌握的那个时代简单初步的方法是无法完成的："我们对胶质物（大分子）的认识是如此粗浅和原始，以至于我们根本不应该指望自己能够快速而成功地制造出一个活的细胞。"但是，勒·当泰克非常坚定地确信，将来一定能够制造出一个合成细胞，而且他还指出："随着新的科学知识不断积累，即使没有亲眼目睹原生质的构造过程，那些思想开明的学者也将会相信，在生物与非生物之间，既不存在本质的区别，也不存在绝对的不连续性。"

事实上，早在 19 世纪，许多杰出的化学家就已经对生命体与非生命体之间的界线问题进行过探索。这其中包括举世公认的现代化学伟大先驱之一、瑞典科学家琼斯·雅可比·贝采里乌斯（Jöns Jacob Berzelius，1779—1848）。贝采里乌斯在法国化学之父安托万 - 洛朗·拉瓦锡（Antoine-Laurent de Lavoisie, 1743—1794）和其他人研究工作的基础之上，开创了原子理论，并把它应用到了"活"的有机化学中。贝采里乌斯把化学的这两个主要分支定义为"有机化学"和"无机化学"。有机化合物指含有碳原子的化合物，它与其他的化学物质不同。在"有机"这个术语被广泛使用的第一个世纪里，

"有机"指的是"来自生命"。贝采里乌斯在他出版于 19 世纪初的那本相当有影响力的化学教科书中对"有机"这个术语所做的定义，我们至今仍在使用。活力论者和新生代活力论者甚至从一个更为独特的视角去看待有机世界："有机物质至少由三种成分组成……这些成分是无法通过人工制造的方式获得的……它们只能通过某种与生命力密切相关的方式才能获得。很显然，同样的法则并不适用于有机化学和无机化学，生命力的影响是至关重要的。"

合成尿素，一个对神秘生命力说"不"的故事

德国化学家弗里德里希·维勒（Friedrich Wohler，1800—1882）曾与贝采里乌斯短暂共同工作过一段时间。长期以来，人们一直认为维勒的一项重要发现证明了活力论者的观点是"虚假"的，那就是尿素的化学合成。你将会在现代的教科书、讲座以及文章里发现对维勒实验结果的引用。这个成就确实堪称科学发展史上一个伟大的里程碑，它标志着"生命必定是从古绵延至今的"这一观点的终结（而这一观点一度非常有影响力）。这种观点是说，存在着一种"生命的力量"，它能够区分有生命与无生命（生命与非生命），即存在着一个特别的"灵魂"，任何一个身体，只有在注入了"灵魂"之后，才能被赋予生命。与此不同，维勒的实验所涉及的是一种纯化学物质，因此从某种意义上讲，维勒似乎已经创造出了某种形式的生命。这确实是一个独一无二的瞬间，它充满了所有的可能性。仅仅凭借一个实验，他就改变了整个化学的面貌——在那之前，化学被区分为两个相互独立的领域，一个领域研究有生命的分子，另一个领域研究无生命的物质。维勒打开了一个缺口，最终使化学这门学科彻底远离迷信，走向科学。值得一提的是，维勒这

个伟大的成就是在玛丽·雪莱的哥特式小说《弗兰肯斯坦》发表10年之后取得的；另一个巧合是，这个重要事件还发生在乔凡尼·阿尔锹尼（Giovanni Aldini，1762—1834）试图通过电击方法让一个死囚"死而复生"之后没几年。

1828年1月12日，维勒给贝采里乌斯写了一封信，解释了他这个突破性实验。在这封信中，维勒细致地描述了他在柏林理工学院意外制造出尿素时的情景。在他得到这个成果之前，尿素一直因其为在哺乳动物的尿液里发现的最主要的氮化合物而广为人知。维勒一直试图利用氰和氨这两种化学物质来合成草酸（草酸是大黄含有的一种成分），但是最终制造出来的居然是一种白色的晶体物质。经过仔细的实验研究，维勒得到了天然尿素的精确分析结果，并且证明了他制造出来的晶体与天然尿素完全相同。在那之前，尿素一直只能从"动物资源"中分离出来。由于一直没有收到贝采里乌斯的回信，心急如焚的维勒在1828年2月22日又给贝采里乌斯写了一封信，他在信中说道：

> 我希望您已经收到了我于1月12日写给您的信。尽管我每天，甚至每时每刻都希望看到您的回信，不过现在我已经等不及要给您再写一封信了，因为我不需要再隐瞒我发现了尿素这个事实了，我希望尽快把这一消息公布出去。我能够在不需要肾脏的情况下制造出尿素，无论是人的肾脏还是狗的肾脏都不需要了。我得到的这个氰酸铵盐就是尿素……只要把氰酸加入铵溶液中，让它们发生化学反应，就很容易获得这种人工合成的氰酸铵盐。让氰酸银和氯化铵溶液发生反应也可以得到同样好的结果。用这两种方法都可以获得这种四面直角的非常漂亮的棱状晶体物质。对它们用酸进行处理时，不会释放出氰酸；用碱进行处理时，也不会释放出氨气。但是如果用硝酸进行处理，则会产生一种容易结晶的泛着光泽的化合物，这种化合物拥有强酸的性质。我个人倾向于认为这是一种新的酸，因为它

在加热时产生的既不是氮也不是亚硝酸，而是大量的氨气。我又发现，如果把它浸到碱溶液中，那么就会重新出现一种被称为氰酸铵的物质，利用酒精，就能够把这种东西提取出来。现在，突然之间，我明白了，所需要的只是对尿液中的尿素与氰酸盐中的尿素进行比较就可以了。

当然，贝采里乌斯最终还是对维勒的来信给出了回复，而且他的语气既幽默风趣又满腔热情："当一个人已经决定用尿液这个东西来赢得自己的不朽名声时，他就毫无疑问有无数个理由去利用这个东西来完成这项伟业。真的，维勒博士确实已经设计出了一个非常好的方法，这个方法为他打开了通往真正不朽名声的道路……当然，这对未来的理论必定是很有启发意义的。"

事实的确如此。例如，尤斯图斯·冯·李比希（Justus von Liebig，1803—1873）也对维勒的成就给予了高度评价。冯·李比希是一个非常有影响力的人物，他在很多方面都对推动化学这一学科的发展发挥了至关重要的作用。其中一个例子是，他证明了氮是植物生长的重要营养成分。1837 年 9 月，冯·李比希给利物浦的英国科学促进协会写了一封信。在这封信中，冯·李比希谈到，维勒"在没有任何生命机能的帮助下，制造出了这个非同寻常的、在某种程度上令人难以置信的东西——尿素"。冯·李比希强调了这个成就的意义，并指出，"科学从此进入了一个全新的时代"。

维勒这个伟大的贡献很快就被写进了教科书和科学史著作中。其中特别值得一提的是赫尔曼·弗朗兹·莫里茨·柯普（Hermann Franz Moritz Kopp）所著的《化学史》（*History of Chemistry*）一书。在这本书中，柯普描述了维勒的实验如何"摧毁了早先被广泛接受的关于有机体与无机体之间的区别的理论"。直到 1854 年，维勒关于尿素合成的重要意义仍然被学界广泛强调，例如，德国化学家赫尔曼·科尔伯（Hermann Kolbe, 1818—1884）这样写到，人们一直认为存在于动物和植物体内的化合物的形成"应该归功于一种专属于生物界的非常神秘的固有力量，即所谓的生命的力量"。但是现在，随着维勒划时代的重大发现，有机化合物和无机化合物之间的鸿沟已经被填平了。

然而，与历史上一再经受重新考察的许多重大发现一样，维勒所完成的贡献也经历了一个重新解释的过程。"修正后的故事"带给我们的新见解甚至可能会使那些接受传统教科书解释的人感到惊讶——科学史学家彼得·兰贝格（Peter Ramberg）把这种传统解释称为"维勒神话"。这个神话在 1937 年达到顶峰，伯纳德·贾菲（Bernard Jaffe）在他所著的一本相当受欢迎的化学史著作《严酷的考验：伟大的化学家的生活和成就》（*Crucibles: The Lives and Achievements of the Great Chemists*）中，细致生动地描写了维勒作为一个年轻的科学家在他那"神圣的庙宇"（实验室）中"辛苦劳作"，最终证伪了神秘生命力量的故事。

兰贝格指出，维勒做出的贡献当然是实验研究历史上的一个里程碑，这一点是毫无疑问的。然而，令人奇怪的是，维勒同时代的人对这一结果的反应究竟如何，为什么留下来的记录少到几乎没有。尽管贝采里乌斯显然对维勒的工作激动不已，但是这与其说是在活力论盛行的时代背景下的一种反应，还不如说是因为尿素的合成标志着可以把盐类化合物转变为非盐类物质。维勒证明，只要通过重新排列内部原子，就能够把氰酸铵变成尿素，而重量上既不增也不减，这也就意味着，他已经给出了被化学家称为"异构现象"（isomerism）的最重要的、最好的一个例子。维勒的做法无疑有助于破除原来的陈旧观念，即具有不同的物理和化学性质的两个物体不能由同样的成分构成。

历史学家现在普遍认为，仅凭一个实验不足以证明维勒发现了有机化学这个领域。维勒的尿素合成似乎并没有对活力论造成什么实质性的影响。贝采里乌斯本人认为，尿素只不过是一种废料：与其说尿素是一种有机化学物质，还不如说它"占领"了有机和无机之间的"中间地带"。此外，维勒的原料本身就来自有机物，而不是来自无机物。而且他这个成果也并非是独一无二的：早在四年前，他自己就已经利用水和氰人工制成了另一种有机化合物：草酸。科学史学家约翰·布鲁克（John Brooke）的最后结论是，维勒的合成尿素"只不过是试图阻碍活力论思想的河流滚滚向前的一小块儿鹅卵石而已"。

形形色色的"活力论"

活力论就像宗教一样，并不会随着新的科学发现不断涌现而轻易地自行消失。要实现信仰体系的更新换代，就必须从大量的实验中积累起足够厚实的证据。尽管不断进步的科学已经渐渐促使人们摆脱活力论的影响，但是这需要人们付出几百年的努力，甚至到了今天，扑灭这种神秘主义信仰的任务仍然没有最终完成。

回顾历史，我们发现，如果能够有效地利用一系列关键成果，古老的活力论思想原本早该被摧毁了。这最早可以追溯到 1665 年，当时罗伯特·胡克（Robert Hooke，1635—1703）开创性地使用了显微镜，有史以来第一次发现了细胞。由于胡克以及其他一些发明家的努力，如荷兰人安东尼·范·列文虎克（Antonie van Leeuwenhoek，1632—1723），科学家们积累了许多"细胞演化为生命的主要生理结构"的证据。在 16 世纪和 17 世纪，随着现代科学的诞生,活力论面临着更为严峻的挑战。到了1839年,即维勒合成尿素十多年后,马蒂亚斯·雅各布·施莱登(Matthias Jakob Schleiden,1804—1881)和西奥多·施旺(Theodor Schwann,1810—1882)已经明确地写道:"所有活的生物都是由活的细胞构成的。"1855年,现代病理学之父鲁道夫·菲尔绍(Rudolf Virchow,1821—1902)提出了所谓的生物发生法则(Biogenic Law),即"一切细胞皆来源于细胞"或者"所有活细胞都来自已有的细胞"。这与自然发生说的观点形成了鲜明的对照。自然发生说可追溯到古罗马时期,顾名思义,这种学说认为,生命能够从非生命的物质中自发地产生,比如说,蛆虫生自腐烂的肉、果蝇产自香蕉。

1859年,路易·巴斯德(Louis Pasteur,1822—1895)完成了一个著名的实验,有力地反驳了通过简单的实验就能实现"自然发生"的观点。巴斯德分别对装在两个不同的瓶子里的肉汁进行了加热,一个是没有塞子的直颈瓶,让肉汁直接接触空气,另一个则是 S 型曲颈瓶,并且塞上了棉塞。当直接暴露在空气中的直颈瓶里的肉汁冷却后,里面长出了细菌,而在另一个塞了棉塞的曲颈瓶里却没有长出细菌。巴斯德认为,他自己这个实验足以证明微生物无处不在(包括存在于空气中)。然而,与维勒的实验一样,巴斯德的这个实验的具体细节无法让人确信不疑,因为许多明确的证据都是由一系列德国科学家的后续工作提供的。

以巴斯德的实验为先导,后来的一批科学家最终排除了"生命最初是由或者可能是由无机化学物质发展而来的"这种可能性。1906年,法国生物学家和哲学家勒·当泰克写道:"人们常说,在巴斯德之前,许多科学家竭尽全力在实验室里制造生命,但是巴斯德已经证明了,这种努力终将是没有用的。但是事实上,巴斯德只是表明了:通过采取适当的措施,我们可以让所有入侵物种确实存在于某些作为它们食物的物质之上。这就是全部。生物合成仍然是一个问题，并未解决。"

虽然巴斯德已经表明了怎样可以把特定的生命形式排除在无菌环境之外，但是他没有增进我们对"数十亿年以来，生命是如何在地球形成之初就已经奠定根本的"这一问题的理解。1880 年，德国演化生物学家奥古斯特·魏斯曼（August Weismann，1834—1914）把一个重要的推论引进了生物发生法则，使生物发生法则回归到了最根本的起源。魏斯曼写道："要对今天的活细胞进行追根溯源，就必须回到古代。"换句话说，今天的活细胞必定存在一个共同的祖先细胞。当然，这也就把我们带回到查尔斯·达尔文（Charles Darwin，1809—1882）名垂青史的进化论巨著《物种起源》（*On the Origin of Species*）上去了。达尔文与英国博物学家、探险家阿尔弗雷德·罗素·华莱士（Alfred Russel Wallace，1823—1913）一样，都认为存在于所有生物物种上的变化或变异特征都是代际相传的。有些变异产生了有利的结果，所以在每一代都能茁壮成长，因此它们——和它们的基因——变得更为普遍，这就是自然选择。随着时间的推移，随着新的变异不断积累，某一个世系可能已经演化到了一种程度，它不再与它的近亲交流基因。到这个时候，一个新的物种就诞生了。

尽管已经取得了上述科学进展，但是直到 20 世纪，活力论者仍然拥有许多热情的支持者。著名的德国胚胎学家汉斯·杜里舒（Hans Driesch，1867—1941）就是其中之一。由于身体形成于一个没有任何"模式"或"图案"的单细胞这个智力难题对他来说似乎是无法解决的，于是杜里舒转向求助于实体论（entelechy，这个单词源自希腊语 *entelécheia*）的观念。这种理论要求有一个"灵魂""组织现场"或"生命元素"来激活生命的物质。1952 年，伟大的英国数学家艾伦·图灵（Alan Turing，1912—1954）向人们展示了如何从单一的一个胚胎开始，创造出一种新的模式。类似地，法国哲学家亨利-路易斯·柏格森（Henri-Louis Bergson，1859—1941）则提出，存在着能够克服活体内部物质的阻力的生命冲动。即使在今天，虽然大多数严肃的科学家都认为，活力论早已经被推翻了，但是还有一些人坚守这种信念，认为生命是建立在一些神秘力量的基础之上的。也许这并不令人惊讶：对于它的支持者来说，活力论这个术语拥有许多含义，不过，被广泛接受的有关生命的定义仍未出现。

在我们这个时代，一种新的活力论出现了。在这个更为精炼的活力论中，被强调的与其说是"生命的火花"，不如说是"其他理论的困难"，即现有的一切理论，无论还原主义，还是唯物主义，似乎都不足以解释生命的神秘。这种想法反映了这样一种信念：活细胞的出现极其复杂，它产生于能够形成相互连接的反馈循环的大量相互作用的化学过程中，仅仅根据这些构成过程和它们的构成反应是不足以描述整个过程的。因此，今天的活力论用改变过的中心观点把自己伪装了起来，它将重点从 DNA 转移到了细胞的"涌现性"上来。这里所谓的"涌现"，是指细胞大于组成它的所有分子的总和，而且在特定的环境有特定的表达形式。

这个精巧的新活力论无疑会导致一些人倾向于看轻甚至忽视 DNA 的重要性。具有讽刺意味的是，在这一点上，还原论并不能给我们任何帮助。细胞的复杂程度是如此之高，再加上大多数大学里的教学部门不断地对生物学进行细分，导致在许多人中间出现了蛋白质中心论和DNA中心论的观点之争。近年来，DNA 中心论者越来越多地把重点放在了实验胚胎学上，"开关"系统会打开或关闭细胞中的基因，以应对诸如压力和营养这样的环境因素。从许多人现在的行为表现来看，就好像是实验胚胎学真的已经彻底从 DNA 驱动的生物学中分离出来了，或者已经成了一个完全独立于 DNA 驱动的生物学的一门独立学科了。当一个人把不可测因素加入到细胞质中去的时候，那么他在无意中就已经落入了活力论的陷阱了。同样地，当一个人强调细胞的"高于 DNA"的神秘的"涌现性"时，也是如此。强调这些，就相当于复兴"细胞产生细胞论"，即一切活的细胞都来自现有的细胞。

当然，细胞确实是所有目前已知的生命得以演化的最基本的生物基础。因此，对它们的结构和组成成分的理解是细胞生物学、生物化学 / 新陈代谢这些重要的核心学科的基础。然而，正如我希望在本书中阐释清楚的那样，如果细胞缺乏遗传信息系统，那么它们很快就会死亡——通常来说，最短几分钟内，最长几天。最大的例外是人类红细胞，它的"半衰期"为 120 天。没有遗传信息的细胞无法造出蛋白质或者脂类分子膜，而正是这些东西构成了能够储存水性物质的细胞膜。这样一来，它们将不再演化、也不再复制，因此也就不能够存活下去了。

尽管我们承认，对维勒的尿素合成实验的神化掩盖了一些东西，使之无法精确地反映历史事实，但是维勒实验的基本逻辑仍然对科学方法造成了强大的、极具学科"合法性"的影响。在今天，证明化学结构正确性的标准做法仍是进行化学合成，并证明合成物质里包含了天然产品的所有属性。成千上万的科学论文都是从这个假设或者包含"合成的证据"这样的措辞开始的。我自己的研究也一直是在维勒写于 1828 年的那封信中所阐述的原理的指导下进行的。2010 年 5 月，我自己创办的 J. 克雷格·文特尔研究所（J. Craig Venter Institute，JCVI）的研究团队通过计算机程序和四瓶化学物质合成了一个完整的细菌染色体，然后我们把这个染色体植入一个细胞中，创造出了第一个合成有机体。我们成功了！这是一个能够与维勒的工作和他的"合成的证据"相提并论的事件。

冯·诺依曼的"细胞自动机"

机械唯物主义生命观促使一些人试图利用机械系统和数学模型创造生物学之外的人造生命。一直到 20 世纪 50 年代，人们才终于承认 DNA 是一种遗传物质。在那之前，机械唯物主义的方法早已出现在科学文献当中了。根据这种机械唯物主义生命观，生命源自复杂的机械原理，而不是复杂的化学反应。1929 年，年轻的爱尔兰晶体学家约翰·德斯蒙德·伯纳尔（John Desmond Bernal，1901—1971）想象出机器有可能具有某种类似于生命的自我复制能力，他在《世界、众生和恶魔》（*The World, the Flesh & the Devil*）一书中描述，"在未来的后生物学时代，制造生命本身仅仅只是一个初级阶段。只有当我们打算让生命本身进行再次自我演化的时候，纯生命的制造才是重要的"。

在那之后的十年里，创造这类复杂"机械生命"的方法"合乎逻辑"地得到了发展。1936 年，密码破译者和人工智能先驱艾伦·图灵描述了他那个众所周知的图灵机，它是写在磁带上的一组指令。图灵还定义了一个通用图灵机，它能够执行利用一个指令集写出来的任何计算命令。这是数字计算机的理论基础。

到了 20 世纪 40 年代，卓越的美国数学家和博学家约翰·冯·诺依曼（John von Neumann，1903—1957）进一步发展了图灵的思想，构想出一个能够进行自我复制的机器。正如图灵设想出一个通用的计算机一样，冯·诺依曼构想出一个通用的构造器（构造函数）。在 1948 年于加利福尼亚州帕萨迪纳的西克森举行的研讨会上，这个出生于匈牙利的天才概括了他的"自动机一般的且合乎逻辑的理论"。他指出，自然生物"一般来说比人工自动机更为复杂和精妙，因此也更让人难以精确理解其中的奥妙"。尽管如此，他坚持认为我们在自然生物身上观察到的规律对我们思考和设计人工自动机应该是很有帮助的。

从形式上看，冯·诺依曼的机器（冯·诺依曼细胞自动机）是一条由许多个细胞组成的"带子"，这些细胞编码了这台机器所要执行的"动作"序列。利用一个"写头"（也被称为"构造臂"），这台机器就能够打印（构造）出一个新的细胞模式，因此，它能够完整地复制出自身以及那条"带子"。从结构上看，冯·诺依曼这台能够自我复制的机器似乎有些笨拙，它由以下几部分构成：一个有 80×400 个方格的基本盒、一条"构造臂"和一个"图灵尾"，其中"图灵尾"本身也是一条编码指令的"长带子"，由 15 万个方格构成。（"图灵的自动机纯粹是一台计算的机器，"冯·诺依曼曾经这样解释，"而我们所需要的是能够制造出另一台自动机的自动机。"）总之，这个"生物"由大约 20 万个这样的"细胞"构成。为了进行复制，这台机器需要通过"神经元"来提供逻辑控制、利用传输细胞传送来自控制中心的信息、利用"肌肉"去改变周围的细胞。在"图灵尾"的指示下,这台机器会伸出它的"构造臂"，然后对它进行来回扫描，通过一系列的逻辑操作制造出一个自己的副本。这个复制品又能复制出另外一个副本，如此不断循环反复。

在我们这个数字世界和生物世界的科学进步并驾齐驱的时代，这些指令的性质变得更加清晰了。薛定谔提出了一些论述，似乎可以作为他的密码本的"第一参照"。他说："正是这些染色体，或者可能是那些只有在显微镜下才能真正看到的、被我们误认为是染色体的中枢骨骼纤维，携带了某种能够决定个体未来发展的完整模式和成熟后功能的密码本。"紧接着，薛定谔又继续指出，这个密码本可能就像二进制那样简单："事实上，在这样一个结构中，原子的数量不需要非常大，原因是，为数不多的原子就能制造出几乎无限数量的可能物质。为了说明这一点，不妨试着考虑一下莫尔斯电码这个例子。莫尔斯电码由点和画这两种符号组成，它们之间的不同组合不超过 4 种，却可以表达出 30 种不同的意思。"

尽管冯·诺依曼构思他的自我复制自动机的时间要比双螺旋结构的 DNA 中真正的遗传密码被发现早好多年，但是他确实已经把注意力集中到演化能力上了。在他的西克森演讲中，冯·诺依曼告诉听众，他这台机器执行的每条指令都"大致影响了基因功能"，他还继续描述，这台自动机中的错误是如何以像突变过程中会出现的某些典型特征的形式呈现出来的。"从规则的条件来看，这似乎是一个致命的问题，但是这同时也带来了一个可能性：有可能以修改后的特征不断进行自我复制。"正如遗传学家悉尼·布伦纳曾经指出的那样，可以说，生物学为图灵和冯·诺依曼的机器提供了最好的真实世界的例子："作为有机体的一种符合表征的基因——密码本这个概念所表达的含义，确实是生命世界的一个基本特征。"

在上述能够自我复制的机器的基础上，冯·诺依曼还进一步构思了一台纯粹基于逻辑的自动机。这台自动机并不需要一个"物理的身体"，也不需要海量的实体零件，相反，它是以一个网格中能够不断改变自身状态的细胞为基础的。对此，冯·诺依曼的同事，曾经在美国新墨西哥州的洛斯阿拉莫斯（在那里他们一起为"曼哈顿计划"而工作）与他共事过的数学家斯塔尼斯拉夫·乌拉姆（Stanislaw Ulam, 1909—1984）是这样解释的：冯·诺依曼利用一个抽象的数学工具来发展他的设计。乌拉姆自己过去研究晶体生长理论时也曾经利用过这个数学工具。1953 年 3 月 2 日 ~ 5 日，冯·诺依曼在位于新泽西州的普林斯顿大学发表了题目为《机器和生物》（*Machines and Organisms*）的瓦尼克桑演讲，他的"自我复制自动机"就是在这次系列演讲中公布于世的，它也是有史以来第一台细胞自动机。

正当这些科学家继续致力于研究"模型化的生命"时，1953 年的 4 月 25 日，詹姆斯·沃森和弗朗西斯·克里克在《自然》杂志上发表了题为《核酸的分子结构：脱氧核糖核酸的结构》（*Molecular Structure of Nucleic Acids: A Structure for Deoxyribose Nucleic Acid*）这篇里程碑式的论文，至此，我们对真实生物的理解发生了改变。他们两人是在英国剑桥大学完成这项研究的，而他们提出的 DNA 双螺旋结构模型则是建立在由伦敦大学国王学院罗莎琳德·富兰克林（Rosalind Franklin, 1920—1958）和雷蒙德·高斯林（Raymond Gosling, 1926—2015）所获得的 X 射线晶体数据的基础上的。沃森和克里克描述了"优雅"的双螺旋分子结构，解释了它的功能以及 DNA 是如何进行复制并将它的指令一代一代传递下去的。这是一台天然的自我复制自动机。

科学家努力创造另一种能够自我复制的自动机的开端，以及他们对人造生命研究的起步阶段，大体上都可以追溯到这个时期，这也正是第一代现代计算机开始投入使用的时期。生命遗传信息系统密码特征的发现自然而然地促使人们将它与图灵机进行比较。图灵本人在他那篇有关人工智能的奠基性论文（发表于 1950 年）中也讨论了适者生存法则是一种有可能推进演化的"缓慢的方法"，这不仅仅是因为实验人员并不受限于随机的突变。许多人开始相信，人造生命将会在计算机内复杂的交互作用中出现。

各种各样的思想潮流都汇聚在这样一些焦点上：冯·诺依曼的理论以及他所做的关于早期计算机的研究和他提出的自我复制自动机的模型；图灵的理论以及他提出的有关人工智能机器的基本问题；美国数学家诺伯特·维纳（Norbert Weiner，1894—1964）在他于1948年出版的一本名为《控制论》（*Cybernetics*）的书中所描述的理论——他运用来自信息论和生命体的自我调节过程中的一系列思想，讨论控制论领域中的活的生命体问题。随后还出现了许多引人注目的尝试，科学家试图在计算机中点燃生命之火。有关这方面最早的一个尝试出现在1953年，那是在位于新泽西的普林斯顿高级研究院内，挪威裔意大利病毒遗传学家尼尔斯·奥尔·巴黎塞利（Nils Aall Barricelli，1912—1993）进行了一系列"旨在搞清楚发生在人造世界内的、类似于发生在活的生物体内的各种演化可能性"的实验。他报告了各种各样的"生物现象"，比如，在父母"生物体"之间进行成功的杂交，交配在进化演变中所发挥的作用，以及合作在演化过程中所扮演的角色等。

这个潮流一直没有停歇。几十年之后，即1990年所完成的那个人造生命实验或许是其中最引人注目的一个。这一次，特拉华大学的托马斯·S.雷（Thomas S. Ray）进行了一个令人印象深刻的尝试，有史以来第一次，他以达尔文进化论为原理编制计算机程序。在他的人造生命中，"有机体"（即计算机编码片段）要在机器内部一个封闭的"自然保护区"内为内存（空间）和处理器能力（能量）而"战斗"。为此，他不得不克服的一个关键性障碍：编程的语言是"脆弱的"，在这个"有机体"内部，任何一个小小的变异——一行、一个字母甚至一个点放错了地方——都可能会导致程序停止运行。托马斯·雷设法进行了一些改进，以保证突变不那么容易会使他的程序停止运行。在这之后，又接着出现了一些其他版本的"进化计算机"，其中最突出的是阿维达（Avida），这个软件是在 20 世纪 90 年代早期，由加州理工学院一个研究自我复制计算机程序的演化生物学机制的团队设计的。研究者们相信，随着功能更强大、计算能力更高的计算机的出现，他们将能够制造出更为复杂的生物，因为按照常理，计算机的环境越丰富，人造生命的"日子"就能够过得更加"宽裕"，它们繁殖的速度也将更快。

即使在今天，仍有一些人认为，在巴黎塞利的世界中复制代码的原始程序碎片是今天的数字世界以及互联网和其他网络能够进行自我复制的多字节字符串的始祖。乔治·戴森（George Dyson）在他的《图灵的大教堂》[①]（*Turing's Cathedral*）一书中就持有这个观点，他指出，现在存在着一个自我复制数字代码的宇宙，它正以每秒数万亿比特的速度不断膨胀，那是"一个有着自己的生命的宇宙"。这些虚拟的"景观"正以指数级速度在扩大，正如戴森自己所观察到的那样，它开始变成一个 DNA 的数字宇宙。

但是事实上，这些"虚拟牧场"总体上说还是比较贫瘠的。1953 年，仅仅在巴黎塞利试图在一个人造世界中创造演化过程 6 个月之后，他就发现，任何在计算机中制造人造生命的尝试都有一些巨大的障碍需要克服。他报告说："如果一个人解释说计算机中生物体的器官和能力的形成与那些活的有机体一样复杂，那么他必定没有看清楚某些东西……不管我们制造了多少突变，数字仍然还是那些数字，这些数字本身将永远不会变成有生命的物体！"

不过，最初构想的人造生命确实获得了新的虚拟生命，它们新的生命形式存在于游戏和电影当中，例如《2001：太空漫游》（*2001: A Space Odyssey*）中凶残的哈尔 9000、电影《终结者》（*Terminator*）中进行种族灭绝的天网《黑

[①] 本书简体中文版已由湛庐文化策划，浙江人民出版社出版。——编者注

客帝国》(*The Matrix*)中恶毒的机器等。然而,现实情况仍然远远落后于此。在基于计算机的人造生命中,在被制造出来的有机体的基因序列或基因型与它的表型、基于这个序列的生理表达形式之间没有什么差别。在活的细胞里,DNA 编码是以 RNA、蛋白质和细胞的形式来表示的,它们形成了所有的生命物质。与此相反,人造生命系统则会迅速失去动力,这是因为,在计算机模型内的遗传潜能并不是开放式的,而是预先设定的。与生物世界不一样,计算机演化的结果已经被编进它的程序里了。

合成生命时代的到来

在我自己的"基因学"里,我把化学、生物学和计算机技术成功地融合到了一起。由 DNA 机器(人类)所设计的数字计算机现在被用来读取 DNA 内的代码指令,然后进行分析,并将新的代码指令写入 DNA,以便创造出一种全新的 DNA 机器(合成生命)。当我们宣布创造了第一个合成细胞时,有些人曾经问过这样一个问题,我们是否"扮演了上帝的角色"。在某种意义上,我们完成的这个实验恰恰表明了新生命的创造为什么是不需要上帝的。在这个意义上,我认为,我们确实"扮演了上帝的角色"。我还认为,在我们成功利用化学物质创造出了人造生命之后,我们最终将一劳永逸地终结所有活力论的残余观点。但是,我似乎还是低估了依然遍及现代科学思想各个领域的活力论信念的巨大影响。信仰是科学进步的天敌。例如,认为蛋白质是遗传物质这种信仰推迟了 DNA 作为遗传信息载体的发现时间,或许整整推迟了半个世纪之久。

一直到 20 世纪下半叶,我们才开始明白 DNA 便是薛定谔所说的"密码

本",并且破译了它所携带的复杂信息,进而开始精确无误地搞清楚了它是如
决定生命进程的。在理解生命的历史上,这是一个史诗般的成就,它标志着一
个新的科学时代的到来。是的,一个整合了生物学和科技的新的时代已经诞
生了。

02

数字生命的曙光

我们原以为，DNA过于简单，不可能携带遗传信息，只有蛋白质才能在细胞分裂时将足够多的信息从一个细胞传递给另一个细胞。但实际上，正是DNA这个生命的软件，管理着我们的细胞。限制性内切酶的发现和基因拼接技术的出现，为分子生物学的蓬勃发展奠定了坚实基础。

LIFE AT THE SPEED OF LIGHT

如果我们是正确的(当然，这一点还未得到证实)，那么就意味着核酸不仅仅在结构上是极其重要的，而且在功能上也是至关重要的：核酸是一种决定细胞生化活动和特定特征的活性物质，而且它很有可能通过某种已知的化学物质，诱导细胞发生可预见的和可遗传的变化。长期以来，这样的结论一直是遗传学家的梦想。

—— 奥斯瓦尔德·艾弗里

就在薛定谔在都柏林发表里程碑式演讲的同一年，他的"密码本"和所有遗传物质的化学性质都最终被揭示了出来，从而为这个自人类意识出现以来就一直让我们的先辈着迷、狂热、困惑和混乱的主题提供了新的洞见。一个伟大的战士拥有很多孩子，但没有一个孩子是为了战争而生或天生就热爱战争的。一些家庭深受某种特殊疾病的影响，然而这种疾病会以一种非常偶然的方式遗传给后代，它可能会影响某一个子孙，而不会影响另一个子孙。为什么父母的某些身体特征，甚至血缘关系更加遥远的某些亲戚的身体特征会出现在某些个体身上？或者，更令人困惑的是，这些身体特征没有出现在所有个体身上呢？数千年来，一代一代的人一直都在不断地重复提出这个问题。事实上，这个问题不仅关乎人类自己这个物种，而且也同样适用于牛、羊、狗等动物，甚至适用于农作物和一般的植物。

自从几千年前出现了农业以及被驯化的动物之后，围绕着这个"神秘事件"，人们已经提出过许多极具想象力的想法。当亚里士多德提到，小鸡"隐含"在母鸡的蛋里、橡子的掉落是受橡树的"安排"这样一些"概念"时，他其实已经对基本原则有了一些模模糊糊的理解。18世纪，伴随着分类学的发展以及有关植物和动物多样性知识的增多，一些有关遗传学的新观点开始出现了。

查尔斯·达尔文的祖父伊拉斯谟斯·达尔文（Erasmus Darwin，1731—1802）是18世纪英国一位知识渊博得令人生畏的学者，他在《动物生物学或生命法则》（*Zoonomia;or the Laws of Organic Life*）一书的第一卷中阐述的理论是最早的正式的演化理论之一。他在书中断言："所有活的动物都起源于一个活的'丝状体'（filament）。"另一方面，正如我们所理解的那样，传统的遗传学在19世纪五六十年代已经有了它自己的起源，当时，格里格·孟德尔（Gregor Mendel，1822—1884）试图描述清楚支配植物配种的遗传法则。不过，一直到最近这70年里，关于伊拉斯谟斯·达尔文所说的"丝状体"，科学家们才取得了最重要、最惊人的进展：这种"丝状体"实际上是在分子机器人的帮助下为地球上的每个生命体编制程序的。

遗传物质：蛋白质，还是DNA？

直到20世纪中叶，大多数科学家还认为只有蛋白质才携带遗传信息。至于DNA，由于考虑到生命是如此复杂，当时的人认为这种仅由四种化学物质组成的高分子聚合物从构成成分上看实在是过于简单了，因此肯定无法把足够的信息传递给下一代。这就是他们断定 DNA 只是蛋白质遗传物质的一种支持结构的原因。蛋白质由 20 种不同的氨基酸组成，而且它的结构非常复杂。蛋白质拥有四重结构，即最基本的结构、二级结构、三级结构和四级结构，而 DNA 只是一条"聚合物丝线"。看起来，似乎只有足够复杂的蛋白质才可能拥有薛定谔所说的"非周期性晶体"的功能，或者说，只有蛋白质才有能力在细胞分裂时将足够多的信息从一个细胞传递给另一个细胞。

然而到了 1944 年，当一个完美的、简单的实验的具体细节被公布之后，上面这种看法开始发生改变。纽约洛克菲勒大学的奥斯瓦尔德·艾弗里（Oswald Avery，1877—1955）发现，真正携带遗传信息的物质是 DNA，而不是蛋白质。在实验中，艾弗里分离出了一种物质，这种物质能够通过一种被称为"转化"的过程把某些性质从一个菌株转移到另一个菌株。这样，他发现，高分子聚合物 DNA 才是真正能够赋予细胞新性质的物质。他把这种物质称为"转化因子"（transforming factor）。

当时，艾弗里已经 65 岁了，并且马上就要退休了，在此之前，他与他的同事科林·芒罗·麦克劳德（Colin Munro MacLeod）和麦卡蒂·麦克卡提（Maclyn McCarty）一直在跟踪一个令人困惑的现象，这个现象是由伦敦的细菌学家弗雷德里克·格里菲斯（Frederick Griffith，1879—1941）早在 20 年前就已经观察到的。那时格里菲斯正在研究一种叫作肺炎链球菌的肺炎球菌细菌，这种细菌能引起流行性肺炎。不过，它表现为两种不同的形式：一种为 R 型，在显微镜下看起来比较"粗糙"，不会传染；另一种为 S 型，看起来比较"光滑"，能够引发疾病，导致死亡。然而，不管是 S 型还是 R 型，都能在肺炎病人身上找到。

格里菲斯希望搞清楚的是，肺炎链球菌的这两种表现形式，即致命的细菌和良性的细菌是否可以相互转化。为了回答这个问题，他设计了一个巧妙的实验：它同时给老鼠注射了没有传染性的 R 型病菌细胞和已被他高温杀死的 S 型病菌细胞。人们可能预计这只老鼠会活下来，因为能导致这只啮齿动物致命的 S 型病菌已经被杀死了。然而出人意料的是，这只同时被注射了活的 R 型肺炎病菌和死的 S 型肺炎病菌的老鼠却死了。从这只死老鼠身上，格里菲斯既找到了活的 S 型肺炎病菌，也找到了活的 R 型肺炎病菌。他据此推断，在这些被高温杀死的 S 型肺炎病菌细胞"身"上存在着某种物质，它能够让 R 型肺炎病菌细胞转化为 S 型肺炎病菌细胞。因为这种改变被后代的细菌所"继承"了，所以据此可以假设这种因子就是遗传物质。格里菲斯把这个过程称为"转化"，虽然那个时候他对真正的"转化因子"还一无所知。

这个答案在近 20 年之后终于姗姗而来。艾弗里和他的同事重做了格里菲斯的实验，并通过一个精巧的"消除"过程证明了这个因子就是 DNA。他们的做法是：利用不同的酶去"消化"掉细胞中的每一个组成成分，以此逐步去除蛋白质、RNA 和 DNA。在这个实验中，他们分别使用了蛋白酶、核糖核酸酶以及脱氧核糖核酸酶。他们随后发表的论文并没有引起很大的反响，因为科学界始终坚信，要对遗传现象进行解释，蛋白质的复杂性是必要的条件。瑞典皇家科学院前秘书长埃尔林·诺尔比（Erling Norrby）在《诺贝尔奖和生命科学》（*Nobel Prizes and Life Sciences*）一书中探讨了科学界之所以会出现不愿意接受艾弗里的发现这种情况的背后原因。他说，虽然艾弗里研究团队的工作是令人信服的，但是持怀疑态度的人还是认为：这里仍然存在着一个可能性，即微量的其他物质，或许某种"耐受"蛋白酶的蛋白质，承担起了"转化"的责任。

幸运的是，接下来科学界在了解蛋白质方面继续取得巨大进展，尤其是在 1949 年，英国人弗雷德里克·桑格（Frederick Sanger）决定对荷尔蒙胰岛素中的氨基酸进行排序，这是一个了不起的壮举，桑格本人因为这方面的贡献而获得了诺贝尔奖。桑格的研究表明，蛋白质并不是某些密切相关的物质的组合，它并没有独一无二的结构，它只不过是一种单一的化学物质。桑格向来是我十分敬重的一位科学家，毫无疑问，他堪称有史以来最卓越的科学创新者之一，这要归功于他把重点放在了发展新技术这个方面。"参与科学研究有三大主要活动——想、说和做，我最喜欢的是最后一项，这或许也是我最擅长的。当然我也善于思考，但是不太擅长于说。"桑格的科研方法也让他获得了巨大的回报。

当科学家们陆续完成了其他一些成功的转化实验后——比如，证明烟草花叶病毒中的 RNA 本身就具有传染性，"核酸是遗传的关键因素"这个观点在 20 世纪 40 年代末和 20 世纪 50 年代早期逐渐开始被接受了。不过，承认 DNA 即为遗传物质这个过程还是比较缓慢的。艾弗里、麦克劳德和麦克卡提他们所做的那些实验的真正意义，一直要等到接下来的十年中的大量其他研究积累了大量证据之后才变得清晰起来。其中一个关键性的支持证据出现在 1952 年。阿尔弗雷德·赫尔希（Alfred Hershey）和玛莎·考尔斯·蔡斯（Martha Cowles Chase）证明了 DNA 就是一种被叫作 T2 噬菌体的病毒的遗传物质，它能够传染细菌。最后，到了 1953 年，当 DNA 的结构被沃森和克里克破解之后，"DNA 是遗传物质"这一观念终于得到了极大的弘扬。那时，他们两人一起在英国的剑桥大学工作。先前的研究已经证实，DNA 是由一种被称为核苷酸的"基本构件"所组成的，而核苷酸又是由脱氧核糖、磷酸基和四种含氮碱基——腺嘌呤（A）、胸腺嘧啶（T）、鸟嘌呤（G）、胞嘧啶（C）

所构成的。DNA 就是磷酸盐和毗邻核苷酸的糖类链接而形成的一个长长的高分子聚合物。沃森和克里克的核心贡献是，明确地揭示了这些物质是如何组合成一个优雅的三维立体结构的。

为了实现这个突破，沃森和克里克利用了来自其他科学家的一系列关键成果和数据。首先，从生物化学家埃尔文·查戈夫（Erwin Chargaff）那里，他们得知 DNA 里的四种不同的基本化学成分是成对出现的，在沿着 DNA 这个"生命之梯"、透彻理解它的各个"梯级"的过程中，这成为一个至关重要的洞见。在我的非营利性机构 J. 克雷格·文特尔研究所中，收藏了许多科学史资料，而这个时期的克里克的实验室记录就是其中一部分，它们反映了他在重做查戈夫的实验时经历过的许多不成功的尝试。其次，他们从莫里斯·威尔金斯（Maurice Wilkins）和罗莎琳德·富兰克林那里，获得了破解 DNA 结构的关键线索。威尔金斯开创性地利用 X 射线来研究 DNA，他的初步成果就已经让沃森激动不已了。而且，把富兰克林最好的用 X 射线拍摄的 DNA 照片拿给沃森看的也是威尔金斯本人。这张照片被编为 51 号（它也是 J. 克雷格·文特尔研究所所收集的科学史资料的一件），由雷蒙德·高斯林在 1952 年 5 月拍摄，它展现了一个反射黑色十字架，事实证明，这张照片是打开 DNA 分子结构奥秘的钥匙。它表明，DNA 是一个双螺旋结构，在这个结构里，DNA 密码的字母对应着它的那个"梯级"结构。

1953 年 4 月 25 日，沃森和克里克撰写的题为《核酸的分子结构：脱氧核糖核酸的结构》一文在《自然》杂志上发表了。螺旋形的 DNA 结构让人们恍然大悟。"它远比我们所预期的更为完美。"沃森解释道。因为出现在 DNA 中的这些字母的互补性立即被揭示出来了（其中 A 总是与 T 配对，C 总是与 G 配对，它们是核苷酸的组成成分），细胞分裂时基因是如何进行复制的奥秘也解开了。虽然这就是我们长期以来一直在寻找的遗传机制，然而当时人们对沃森和克里克的论文的反应却不太热烈。不过，随着时间的推移，大家最终还是承认了这个发现的伟大意义。九年之后，沃森、克里克和威尔金斯共同分享了 1962 年的诺贝尔生理学或医学奖，"因为他们发现了核酸的分子结构以及它在生命体进行信息传递的重要性"。

不过，诺贝尔奖并没有颁给另外两个提供了关键数据的科学家：埃尔文·查戈夫徒留余恨，罗莎琳德·富兰克林不幸于 1958 年因罹患卵巢癌而英年早逝（年仅 37 岁）。虽然艾弗里多次被提名诺贝尔奖，但是他于 1955 年在他的非凡成就被广泛接受之前就逝世了，尽管他所做出的贡献足以让他获得这一殊荣。对此，埃尔林·诺尔比深感不平，他引用卡罗林斯卡学院诺贝尔委员会秘书约兰·利杰斯特兰德（Goran Liljestrand）对 1970 年诺贝尔生理学或医学奖的总结："艾弗里在 1944 年就发现 DNA 是遗传的载体，这是遗传学发展史上最重要的成就之一，他没能获得诺贝尔奖实在令人痛惜。等到不一致的声音保持沉默时，他已经永远离开人世了。"

艾弗里的故事说明，理性的、基于证据的科学观点即使能够在实验室研究的层面上取得胜利，但对一些特定的理论或假设的顽固信念却可以麻痹一般科学家数年甚至几十年之久。艾弗里、麦克劳德和麦克卡提设计的实验是如此简单、如此优雅，而且很容易就能够被复制。因此令我费解的是为什么以前就没有人这么去做呢？！科学不同于其他智识领域的一个很重要的原因是，当积累的新数据足以证明旧观点是错误的时候，这些陈旧的观点就会消失；但是不幸的是，这个过程需要漫长的时间。

细胞生命实际上是依赖于两类不同的核酸的：脱氧核糖核酸（即 DNA）

和核糖核酸（即 RNA）。现代的理论认为，生命始于一个 RNA 世界，因为它的功能比 DNA 更加多种多样。RNA 拥有双重角色，它既是遗传信息的载体，同时也是一种酶（核糖酶），它能够对化学反应起催化作用。与 DNA 一样，RNA 也是由化学"字母"组成的线性"字母串"。这些字母分别是 DNA 中的 A、C、G 和 T 和 RNA 中的 A、C、G 和 U，C 总是与 G"绑定"在一起；A 则总是与 T 或 U"绑定"在一起。就像在 DNA 中一样，一条单链 RNA 能够绑定在另一条由互补的字母所组成的单链 RNA 上。沃森和克里克提出，RNA 是染色体中 DNA 信息的副本，它把信息传递给核糖体，蛋白质便是在核糖体里制造出来的。DNA 的软件被"转录"或者被拷贝，由此形成了信使RNA。在细胞质内，信使 RNA 的密码被"翻译"成了蛋白质。

直到 20 世纪 60 年代，DNA 才最终作为遗传物质而被广泛接受，那已经是美国国家卫生研究院的马歇尔·沃伦·尼伦伯格（Marshall Warren Nirenberg，1927—2010）和出生于印度的麦迪逊威斯康星大学的哈尔·葛宾·霍拉纳（Har Gobind Khorana，1922—2011）利用合成核酸破译了遗传密码之后的事情了。他们发现，DNA 使用它的四种不同的碱基组成一系列三联体密码——被称为密码子（codon）——给 20 种不同的氨基酸指定遗传密码，这些遗传密码则被细胞用来制造蛋白质。因此三联体密码有 64 种可能的密码子，它们有些充当了标点符号的作用，标志着一个蛋白质序列的终止（终止密码子）。康奈尔大学的罗伯特·W. 霍利（Robert W. Holley，1922—1993）阐明了一种叫作转运 RNA 的结构，它把一些特定的氨基酸传递给一种叫作核糖体的相当壮观的分子机器组装成蛋白质。因为这些极其富有启迪意义的研究成果，尼伦伯格、霍拉纳和霍利分享了 1968 年的诺贝尔奖。

我有幸在不同的时期分别遇见过这三个人，而且我与尼伦伯格的交情特别好，因为当时我也正在美国国家卫生研究院工作。尼伦伯格的实验室和办公室正好比我的办公室和实验室低一层，位于这个庞大建筑物的第 36 层，我在刚开始研究基因和对 DNA 进行测序的那个时期经常去拜访他。尼伦伯格是一个非常亲切友好的人，对科学的各个领域都深感兴趣，且总是对新的技术激动不已，直到他逝世一直如此。尼伦伯格与霍拉纳所发现的遗传密码被认为是所有生物科学中最重要的发现之一，因为这个发现解释了线状 DNA 高分子聚合物是如何为线状多肽序列的蛋白质指定密码的。这是分子生物学"中心法则"中的核心原则：遗传信息是从核酸传递到蛋白质的。

分子生物学的兴起

20 世纪 60 年代是分子生物学革命开始的时期，这部分要归功于"使用限制性内切酶拼接 DNA"这种技术的出现及其能力的迅速提高。限制性内切酶是分别由日内瓦的维尔纳·阿尔伯（Werner Arber）和在巴尔的摩的汉密尔顿·O. 史密斯（Hamilton O. Smith）独立发现的。史密斯是我的一个挚友和长期合作者，他在 1970 年发表了两篇描述从流感嗜血杆菌中隔离出限制性内切酶的非常重要的论文。细菌在保护自己免受外来 DNA 干扰时所使用的一个关键性生物化学机制就是酶，它能够迅速切断进入细胞的其他物种的 DNA，它总是能够十分准确地切断某种特定的编码序列的链条，而不涉及其他的编码序列的链条。丹尼尔·纳森（Daniel Nathans）曾与史密斯在巴尔的摩共事，纳森开创性地应用限制性内切酶进行遗传指纹分析和基因图的绘制工作。内切酶使科学家们能够操纵 DNA，就像一个人使用文字处理软件剪切和粘贴文本一样。能够在已知的点上准确地切割遗传物质这种能力是所有基因工程和

DNA 指纹分析的基础。DNA 指纹分析已经彻底改变了法医学和从犯罪分子在犯罪现场留下的 DNA 来鉴别犯罪分子身份的方法，现在我们已经可以通过指纹、头发、皮肤、精液、唾液等来鉴定犯罪分子的身份了。史密斯、纳森和阿尔伯因为他们的发现分享了 1978 年的诺贝尔奖。如果没有他们，今天分子工程领域可能就不会存在了。

到了 20 世纪 70 年代，拼接基因的革命开始了。这场革命所带来的成果有可能如同新石器时代的农业诞生一样。一个有机体的 DNA 被人为地引入另一个有机体的基因组中，然后被另一个有机体复制和使用，这就是人们所熟知的 DNA 重组。这个技术的发现主要归功于保罗·伯格（Paul Berg）、赫伯特·伯耶（Herbert Boyer）和斯坦利·诺曼·科恩（Stanley Norman Cohen）等人的工作。在斯坦福大学工作的时候，伯格开始试图搞清楚是否可以将外源基因植入到病毒中，从而创造一个能够把基因传递给新细胞的"带菌生物"。1971 年，伯格完成了一个具有里程碑意义的实验，它的内容包括拼接一段噬菌体 DNA，然后把它植入猿猴病毒 SV40 的 DNA 中。

伯格因为他的工作获得了 1980 年诺贝尔化学奖，但是在把重组基因技术引进动物，伯格没有深入进行研究。第一只转基因哺乳动物是由鲁道夫·耶尼施（Rudolf Jaenisch）和比阿特丽斯·明茨（Beatrice Mintz）在 1974 年"创造"出来的，他们把外源基因植入了小鼠胚胎中。由于这种实验包含着某些潜在的危险，而且这种危险越来越引起了公众的担忧，因此伯格积极地参与到了关于这类研究应该被限制和约束在何种程度上的研究。1974 年，一群美国科学家建议，应该暂停小鼠胚胎研究。第二年，在加利福尼亚的太平洋丛林市的阿西洛玛会议中心，伯格组织了一个非常有影响力的会议，会议提出了关于这类研究的自愿性指导规则。一些人担心的是，重组有机体可能会带来意想不到的后果，比如说它们可能会导致研究人员染病甚至死亡，而且它们可能会从实验室里"溢出"，从而传播开来。担忧基因工程者与支持基因工程者势均力敌，在支持者中特别突出的包括了像乔舒亚·莱德伯格（Joshua Lederberg）这样卓越的学者。莱德伯格是斯坦福大学教授、诺贝尔奖得主。1976 年，美国国家卫生研究院发布了它自己制定的关于进行重组 DNA 研究的安全指南，在现在仍然持续进行的有关转基因农作物的争论以及最近所讨论的有关流感基因研究的使用和滥用方面，我们依然能感觉到这个指南的影响。

在伯格于 1971 年进行基因拼接实验后，接下来的在分子克隆方面一个巨大进展是，把一种细菌的 DNA 植入到另一种细菌中，从而在每一次细菌分裂时它都能够进行复制。这一步是由加州大学的伯耶与斯坦福大学的科恩在 1972 年共同迈出的。他们的研究——葡萄球菌中的 DNA 能够在大肠杆菌中繁殖——确凿无疑地揭示了遗传物质能够在两个不同的物种之间进行传播，因此证明了人们长期以来所持有的信念是错误的。科学家们把取自南非的非洲爪蟾蜍（这是一种深受实验室青睐的实验动物）中的基因植入了大肠杆菌中，这标志着异种克隆又一个重大突破。尽管公众对这种技术进展感到不安，但是世界各地迅速出现了许多致力于开发重组基因技术的公司。

基因泰克公司（Genentech）站在了生物技术革命的前沿，它是由伯耶和风险投资家罗伯特·A. 斯旺森（Robert A. Swanson）于 1976 年中共同创办的。第二年，在基因泰克公司正式搬入它自己的基地之前，伯耶和加州杜瓦迪城市希望医疗中心的板仓敬子（Keiichi Itakura）与阿瑟·里格斯（Arthur Riggs）一起合作，利用重组 DNA 技术在大肠杆菌里制造出了一个叫作生长激素抑制素（它在激素增长的调节中扮演了重要角色）的人造蛋白质。在取得这个里程碑式的进展后，他们又转而去研究更为复杂的胰岛素分子，因为在用重组胰岛素蛋白取代猪胰岛素用于糖尿病治疗方面，存在着一个巨大的潜在市场。礼来公司（Eli Lilly and Company）和基因泰克公司签订了合作协议，共同开发这个产品。1982年，第一个生物科技产品重组胰岛素蛋白优泌林（Humulin）面市了。而到了那个时候，基因泰克公司已经需要面对众多的竞争对手了，其中包括许多大型制药公司所支持的小型初创公司。

从早期的发现开始，分子生物学到如今终于形成了一个独立的领域。确实，分子生物学已经获得了爆发式的增长，现在全世界几乎每个大学都在从事这方面的研究，在它的基础上，已经形成了一个价值数十亿美元的产业，涉及生物制品制造、各种检验和测试用试剂以及科学仪器的生产和销售，等等。到现在，几乎每一个物种的基因都已经被用于或者正在被用于克隆和其他研究了——其实，这已经是日常研究中司空见惯的事情了。数之不尽的研究机构和生物技术公司正在设计各种代谢途径以诱发细胞生成各种生物产品，涉及的范围极其广泛，从药物到食品、从化工原料到能量分子，无所不包。

蛋白质：生命的硬件

如上所述，我们在理解DNA这个"生命的软件"方面已经取得了巨大进展，与这种进展齐头并进的是我们在描述蛋白质这个"生命的硬件"方面所取得的伟大成就。蛋白质是细胞的基本构件，或者说，是所有已知的生物体——从单个细菌到组成人体的100万亿个细胞——的基本结构单元。正如上面已经提到过的，细胞世界的奥秘最初是由罗伯特·胡克揭开的，有人把他称为英国的达·芬奇。胡克是英国科学发展史上的一个重要人物，他也是最早证明运用适当的工具和恰当的实验方法确实能够有效地促进科学进步的人。在胡克杰出的著作《显微图谱》（*Micrographia*）中，胡克描绘了细胞的形状——他通过显微镜观察到了软木切片的蜂窝状结构。"cell"（细胞）这个术语源自于拉丁语 "*cellula*"，它的意思是一个小房间。自那之后，人们逐渐达成了共识：地球上的每一个活的生物体都有一个被一层薄膜所包裹着的基本细胞结构，每一个细胞都构成了一个独立的内部空间，它的内部拥有遗传物质以及进行复制的细胞机制。

在 20 世纪的前 20 年里，人们在微生物学领域确定"生命的硬件"分子基础的努力一直被一种叫作"胶体学说"（colloidal theory）的理论所左右。在那个时候，对于大分子是否存在，人们还没有确凿证据，"生物胶体论"者认为，抗体和酶等物质实际上都是由胶体以及各种不同的小分子组成的混合物构成的。因此，他们的研究重点并没有放在通过强共价键结合起来的巨大的有机分子上，而是放在了通过相对弱键结合起来的聚合的小分子上。然而，到了 20 世纪 20 年代早期，这种观点终于被德国有机化学家赫尔曼·施陶丁格（Hermann Staudinger，1881—1965）动摇了，施陶丁格的研究表明，大分子，比如淀粉、纤维素和蛋白质，实际上都是一种长链，它们是由一些更短的、被共价键所结合起来的重复分子单元所组成的。然而，施陶丁格所提出的这种大分子（Makromoleküle）概念在刚刚问世的时候遭到了几乎所有人的反对，甚至连施陶丁格在苏黎世瑞士联邦理工学院的同事也拒绝接受他的大分子概念（在 1926 年移居弗赖堡之前，施陶丁格一直是瑞士联邦理工学院的一名教授）。后来，直到 1953 年（也即双螺旋结构被发现的那一年），施陶丁格才最终因为他所做出的重要贡献而被授予了诺贝尔奖。

近年来，我们已经注意到，作为生命基本单元的细胞，看起来非常像是一个工厂：由蛋白质机器所运行的一系列环环相扣的"装配线"承载着一些特定的任务，而且这些任务已经演化了几千年、几万年，甚至几十亿年了。这个模型标志着一种曾经流行于 17 世纪的观点的复兴。这种观点尤其得益于马尔切洛·马尔皮基（Marcello Malpighi，1628—1694）的努力，他是一名意大利医生，用显微镜进行了一些开创性的研究。马尔皮基曾经提出，一些非常微小的"有机机器"控制着身体的机能。

到了今天，我们已经知道，世界上存在着许多种各具特征的蛋白质，比如催化剂，它们能够加速许许多多的化学反应；而纤维蛋白，比如胶原蛋白，则是一种重要的结构性元素，在脊椎动物（包括哺乳动物在内的所有脊柱的动物）中，它占到了所有蛋白质的 1/4；弹性蛋白，它类似于橡胶，是肺和动脉壁组织的基础；细胞膜中所含有的蛋白质帮助分子出入细胞内部，它还涉及细胞之间的通信传递；球状蛋白质具有绑定、转化和释放化学物质的功能，等等。

DNA 序列直接对每个蛋白质的结构进行编码，而蛋白质的结构则决定它的"行为"。遗传密码决定了氨基酸的线状序列，这又反过来确定了最终蛋白质的复杂三维结构。被合成出来后，这个线状多肽序列折叠成具有适当特征的形状：一部分形成片状，而其他的则堆积起来，形成环状，变得卷曲，最后扭成螺旋状（螺旋线形）以及决定"生命机器"运行所需的其他复杂的结构。一部分蛋白质机器是弯曲的，而另一些则是僵硬的。一些蛋白质充当了组件的功能，它们是更大的三维蛋白质机器的零部件。

作为一台非凡的、充满活力的分子机器的实例，让我们看看三磷腺苷合成酶（ATP 合成酶）吧。这种酶复合体大约只有针尖的二十万分之一，它由

31 个蛋白质组成，每秒钟大概要旋转 60 次，它能够制造出一种叫作三磷腺苷（ATP）的分子，这种分子是细胞的能量"货币"。因此，如果没有了这种机器，那么你将无法行动、思考或者呼吸。我们可以把其他一些蛋白质比喻成发动机，比如动力蛋白，它能使精子蜿蜒蠕动；肌球蛋白，它能使肌肉运动起来；驱动蛋白，它有"一双脚"，会"走动"（当 ATP 给"码头"提供"燃料"时，驱动蛋白的一只脚先向外移动出去，在"决定"下一步之前，它会晃来晃去）；还有"尾巴"，它在细胞内搬运"货物"。在这类"运输机器"当中，有一些是专门为运载某种特定的"货物"而量身定制的，其中一种货物就是血红蛋白，它由四条蛋白链、两条阿尔法链和两条贝塔链所组成，每条链上都有一个包含一个铁原子的环状血红素，负责将氧气运送到全身。铁原子通常会紧紧地粘住氧气，但是这台机器已经演化得很"成功"了，它能够确保氧分子可逆地绑定在每个血红蛋白分子中的四分子亚铁血红素中。

在所有机器中，驱动地球表面以及大洋中所有生物的"经济生活系统"的那台机器应该是最重要的机器之一了吧，它的秘密武器就是捕光色素（或称光吸收色素）。虽然不同种类的植物、藻类和细菌演化出了各自不同的机制来捕获光能，但是它们都同样拥有一种被称为"光合作用反应中心"的分子特性。在这个"中心"中，人们发现其中一种蛋白质的名字是天线蛋白，它由许多捕光叶绿素组成。这种蛋白能够捕获阳光中一种叫作光子的光微粒，然后把它们的能量通过一系列的分子传递给反应中心，在那里光子被用来高效地把二氧化碳转化为糖类。光合作用过程发生在充满色素分子的空间内，在那里量子力学效应发挥了作用。量子力学是一个最让普通人头昏眼花的物理学分支，它是由薛定谔和许多其他物理学家建立起来的，用来处理微观范围内的现象。事实上，捕光色素只是生物体所使用的许多种量子机器之一。生物体在运用视觉、传输电子和质子、进行嗅觉感应以及磁感应时，都需要用到量子机器。这个非同寻常的发现是薛定谔洞见的又一个有力证明，薛定谔曾经考虑过这种可能性，即量子波动在生物学中具有一定的作用。

每个分子机器都已经演化为专门执行某个非常特定的任务，从记录视觉图像到伸缩肌肉，它们都会自动地去执行这个任务。这就是为什么人们把它们认为是小机器人的原因了。正如查尔斯·坦福德（Charles Tanford）和杰奎琳·雷诺兹（Jacqueline Reynolds）在《大自然的机器人》（*Nature's Robots*）一书中所说的那样："它没有意识；它不受大脑或某个更高级的中心所控制。蛋白质所做的每一件事都是内置于它的线性密码中的，即都源于 DNA 密码。"

在分子生物学中，除了遗传密码之外，最重要的突破就是确定了主机器人——核糖体的具体结构和功能。作为主机器人，核糖体承担了合成蛋白质的工作，从而也指导着所有其他细胞机器人的组装。分子生物学家在数十年前就已经知道核糖体是设计制造蛋白质的核心。为了履行它的"职责"，核糖体需要两种东西：一个是信使 RNA 分子，它能从细胞中 DNA 遗传信息的仓库中复制出制造蛋白质的指令；另一个是转运 RNA，它能够把用于制造蛋白质的氨基酸转运回来。核糖体能够读取信使 RNA 序列，一次一个密码子，然后把它与每一条转运 RNA 链上的反密码子相配对，让氨基酸按正确的顺序排好队。核糖体同时也充当了催化剂——酶性核酸的角色，利用共价化学键熔合氨基酸并添加到不断增长的蛋白质上。当 RNA 序列发出一个"停止"编码时，合成便终止了。然后，氨基酸聚合物还必须折叠成它自己，使自己成为一个具有生物活性的蛋白质所需要的三维结构形式。

细菌细胞所含有的核糖体复合物可以高达数千个之多，它能够连续进行蛋白质合成，这样既能取代退化的蛋白质，又能在细胞分裂时为子代细胞制造出新的蛋白质。你可以在电子显微镜下研究核糖体，这样可以观察到，当它工作时蛋白质会弯曲、会变形。在蛋白质合成过程中，一个关键的地方在于它内部深处的某个地方进行的棘轮式旋转。总的来说，蛋白质合成的速度是非常快的：形成一条大约 100 个氨基酸的长链只需要几秒钟。

与研究双螺旋结构时一样，要想揭开核糖体具体结构的奥秘，就需要运用 X 射线晶体学理论。然而，首先，必须让核糖体结晶——就像盐一样，使其结晶的方法就是把水分蒸发掉——然后只留下已经聚合成有规则模式的、由数以百万计的核糖体组成的、具有良好结构的晶体，这样就能够利用 X 射线进行研究了。然后，到了 20 世纪 80 年代，以色列的阿达·E. 尤纳斯（Ada E. Yonath）与德国的海因茨 - 甘特·维特曼（Heinz-Günter Wittmann）合作，从细菌核糖体中培育出了晶体（他们所用的细菌是从温泉和死海中隔离出来的微生物），这是一个具有关键意义的进展。2005 年，细菌核糖体的秘密已经被完全揭示出来了。到了 2011 年 12 月，高分辨率的真核生物核糖体的结构——酵母的核糖体结构——也被一个法国的研究团队公布于世了。

细菌核糖体有两个主要成分，它们分别被称为 30S 亚基和 50S 亚基，在核糖体"履行职责"的过程中，它们会相互分离，也会结合在一起。30S 亚基相对较小，作为核糖体的一部分，它能读取基因密码；相对较大一些的 50S 亚基能够被用于制成蛋白质。尤纳斯对 30S 亚基进行了详尽细致的研究，英国剑桥医学研究委员会的分子生物学实验室的文卡特拉曼·拉马克里希南（Venkatraman Ramakrishnan）也独立地对它进行了研究。他们发现，30S 亚基的一部分，比如说某个"受体部位"，能够识别和监控信使 RNA 和转运 RNA 之间的匹配准确性。在对核糖体的分子结构进行进一步研究之后，具体情况已经相当清晰了。研究结果表明，核糖体能够强制使 RNA 代码最前面的两个字母进行配对：在匹配良好的 RNA 双螺旋结构中，分子会"摸索"着寻找一个槽位，以确保代码能够被"高保真"地读取出来。不过，某种"摆动"动作会使检查"字母组"中的第三个字母的机制不那么严格（每个"字母组"对应一个蛋白质构件，由三个字母组成）。这个理论与实际观察到的情况是一致的，即一个转运 RNA 能够与更多的信使 RNA 上的三字母代码相匹配。比如，氨基酸 L - 苯丙氨酸的三字母代码为"UUU"和"UUC"。

与上述研究成果互补的是，加州大学圣克鲁斯分校的哈里·F. 诺勒（Harry F. Noller）在 1999 年公布了第一幅有关一个完整的核糖体的详细图谱（他是因痴迷于分子运动的方式而开始他的研究工作的）；后来，到了 2001 年，这个图谱已经非常细致具体了。诺勒的研究结果揭示了，在核糖体"履行自己的职责"时，分子桥梁是如何架起来的，又是如何倒塌的。核糖体机器包含了由 RNA 组成的"压缩弹簧"和"扭曲弹簧"，它们使得亚基在相对对方移动和旋转时能够连接在一起。小亚基沿着信使 RNA 移动，同时也绑定在转运 RNA 上，它们的一端连接在遗传密码上，另一端连接在氨基酸上。氨基酸通过大亚基连接到一起，形成了蛋白质，它同样也要绑定在转运 RNA 上。通过这种方式，核糖体能够棘轮式地一步一步加大 RNA 的氨基酸"负荷"（中心的速度为每秒 15 转），同时还能协调它们与不断增大的蛋白质连接的方式。

许多抗生素就是通过使细菌核糖体的功能发生紊乱而发挥其作用的。幸运的是，虽然细菌和人类核糖体具有相似性，但是它们还是存在明显差别。抗生素在细菌身上能比在人类身上更高效地绑定和阻止核糖体。氨基酸甙类抗生素四环素、氯霉素、红霉素等，全都是通过干扰核糖体的功能而杀死细菌的。

尤纳斯、拉马克里希南和托马斯·A. 施太茨（Thomas A. Steitz）因为他们在揭示这个神奇的机器运行原理方面所做出的贡献而分享了 2009 年的诺贝尔化学奖。

随着基因学这个领域的不断发展，RNA 已经变得越来越重要了。根据中心法则，RNA 只拥有媒介功能，或者说，它只是执行 DNA 编码的命令。在这样一个模型中，DNA 的双螺旋结构被解开，它的遗传密码被复制在单链的信使 RNA 上。反过来，信使 RNA 把密码从基因组运送到核糖体上。另外，人们曾经普遍认为，非蛋白质编码 DNA 都是"垃圾 DNA"。不过，到了 1998 年，这两种观点就全都发生了改变，那时华盛顿特区卡内基科学研究所的安德鲁·法尔（Andrew Fire）和马萨诸塞州大学的克雷格·卡梅隆·梅洛（Craig Cameron Mello）及其同事公布了一些证据，证明产生于非编码 DNA 中的双链 RNA 可以用来关闭某些特定的基因，这有助于解释一些令人费解的观察结果，尤其是在矮牵牛花上观察到的一些现象。

现在一切都已经变得很清晰了：有些 DNA 在为一些小的 RNA 分子指定遗传密码时，就像开关一样，在决定如何使用基因以及在多大程度上使用基因方面扮演了一个重要角色。活细胞中的所有遗传信息最终都驻留在具有精确顺序的核酸和氨基酸内——在 DNA 内，在 RNA 内，在蛋白质内。在基因组内维持这种非凡秩序的过程受到了神圣的热力学定律的约束。必定要燃烧某种化学能量，以便使分子机器能够驾驭热运动。细胞也需要得到持续的能量供应，这样才能在亚基之间形成共价键，并按正确的顺序将这些亚基组织起来或对它们进行正确的排序。这场化学"风暴"的核心依赖于一个相对来说犹如岩石般稳定的结构，这一切都受到了 DNA 密码的控制。

当讨论到基因的遗传密码时，薛定谔就已经有充足的理由设想一个"非周期性晶体"了。在那时，他想强调"遗传信息是可以被存储起来的"这一事实，利用"晶体"这个术语可以"解释基因的持久性"。然而，为我们的基因从内部进行编码的蛋白质机器人的情况则与此不同，它们是不稳定的，会迅速地被分解。例外情况鲜有发生，蛋白质的"一生"只能"存活"几秒钟至几天不等。它们不得不忍受细胞内的动荡，因为在细胞内部，热能会驱动分子来来回回不停运动。蛋白质也会出现异常现象，它们会被折叠成不具备活性、通常是有毒的聚合物，这个过程对一些众所周知的病毒极为重要。

在任何一个给定的时刻，一个典型的人类细胞都包含了数千种不同的蛋白质。为了使细胞持续地处于良好状态，细胞必须根据需要随时制造出一些蛋白质，同时丢弃另一些蛋白质。对人类的癌细胞中的 100 种蛋白质进行的最近一项研究揭示了，蛋白质的半衰期是 45 分钟～ 22.5 小时。细胞也是如此。在一个人的身上，每天都会有 5 000 亿个细胞死亡。科学家还估计，在一个正常器官的生长发育过程中，一半左右的细胞都要死掉。我们身上每天都会掉落 5 亿个皮肤细胞。因此，每过两个星期到四个星期，你的皮肤的整个外层都会脱落一次。这就是你家里积累的灰尘，当然也是你自己掉下的"灰尘"。如果你无法持续不断地合成蛋白质和细胞，那么你就会死亡。生命是一个不断更新的动态过程。如果我们没有 DNA，没有这个生命的软件，那么细胞会迅速死亡，从而生物也会迅速灭亡。

被基因密码所确定的氨基酸线性链条都要折叠成适当的形状，以执行它们特定的功能，这个事实初看起来简直让人觉得不可思议。我们还没有理解所有指导蛋白质折叠的规则，当然这一点并不让人感到奇怪，因为一条典型的氨基酸链或者多肽有着数百万种到数万亿种可能的折叠方式。为了计算所有可能的蛋白质构造以预测在热力学上稳定的状态，加州的劳伦斯利弗莫尔国家实验室联合 IBM 公司研制出了蓝色基因（Blue Gene），这是一台超级计算机，每秒钟能够完成大约万亿次浮点操作（也就是每秒千万亿次浮点计算）。

拥有 100 个氨基酸的蛋白质能够以无数种方式折叠，因此可供选择的结构的可能构象的数量就高达 2^{100} 到 10^{100} 种不等。为每一种蛋白质去尝试每一种可能构象需要花费大约 100 亿年的时间。但是，内置线性蛋白质代码是折叠指令，它反过来也被线性遗传密码所决定。因此，在布朗运动的帮助下，分子持续不断地运动归功于热能，这些过程发生得很快——只有千分之几秒。它由以下这个事实所驱动，即正确折叠的蛋白质所需要的可能自由能是最少的，就像水总是往低处流一样，蛋白质自然而然地就会折叠成它所喜欢的形状。

正确的折叠构象能够确保酶正常发挥作用，这就是说，从高熵和高自由能状态变为以低熵和低自由能为特征的热力学稳定状态。实际上，这个过程现在已经能够在一种叫作绒毛蛋白的蛋白质身上观察到了，这要感谢一个计算机仿真程序。这个仿真程序每秒就可以完成 600 万个动作，这样，在运行几秒钟之后，这个仿真程序就能够告诉我们，热能是怎样使得 87 个氨基酸的初始线性链条发生抖动的，同时线状蛋白质也以这样或那样的方式颤动了起来。而且，仅仅就在 6 微秒的时间里，就能够尝试许多种不同的构象，直到最后完成折叠。想象一下演化选择要经历多少次这样的"神经质式"的舞蹈，而且蛋白质的氨基酸序列不仅决定了它的折叠速度，也决定了它的最终结构，从而决定了它的功能。

在有用的蛋白质折叠方式与有害的蛋白质折叠方式之间的竞争形成了早期的细胞蛋白质"质量控制"的早期演化，这种控制由另外一组专门的分子机器执行。这些"分子伴侣"能够帮助实现蛋白质的正确折叠，阻止有害聚合物的形成，同时拆解这些"为恶"的聚合物。因此，举个例子，热休克蛋白 70（Hsp70）和热休克蛋白 60（Hsp60）的分子伴侣能够拆解聚合物（有毒蛋白质），热休克蛋白 60 由多种蛋白质组成，它能够形成"一个有盖的桶"，在这个桶里，未折叠的蛋白质能够折叠成正确的形状。毫不奇怪，分子伴侣发生故障是出现各种神经退行性疾病和癌症的生理基础。

在白种人中最常见的单基因遗传性疾病是囊性纤维化（cystic fibrosis）——在美国，每 3 500 个出生的人当中大约会有一个人受到影响，这是一个错误折叠、行为失常的蛋白质的例子。它是因为一种被称为囊性纤维化跨膜电导调节因子（CFTR）的、用来编码一种蛋白质的基因出现了缺陷而引起的。这种蛋白质调节氯离子在细胞膜的传输；当它出错时，就会出现很多症状。举个例子，囊性纤维化患者的水分和盐分的失衡使得他们的肺部被黏液阻塞，而这就为能够引发疾病的细菌提供了生长基质。二次感染引起的肺损伤是导致患者死亡的主要原因。最近，科学家们已经表明，到目前为止，囊性纤维化最常见的变异是阻碍分子伴侣分解运输调节蛋白质。因此，正常折叠的最后几步无法完成，这样也就制造不出来大量的正常的活性蛋白质了。

蛋白质聚合物和蛋白质片段的降解是至关重要的，因为它们会堆积起来，形成团块，这些东西是含有剧毒的。我们知道，如果发生罢工，导致垃圾清除工作被迫中断，那么街道上便会到处充斥着散发出恶臭的腐烂物质，这时候交通就会受到影响，发生疾病的风险也会增加，甚至整个城市都会迅速变得不正常。细胞和器官也是如此。阿茨海默氏症、帕金森病引起的手颤，库贾氏病（Creutzfeldt - Jakob disease，人身上的疯牛病）所导致的大脑功能的不断退化，所有这些都是由有毒的、无法分解的蛋白质聚合积累而引起的。

许多蛋白质机器被设计为用来处理蛋白质合成和折叠中的错误。蛋白酶负责通过消解的方式消除异常蛋白质。肽键断裂反应是由一种蛋白酶所完成的。这种特殊的机器包括一个由 4 个堆积在一起的环所组成的圆柱形复杂的"核心"：像百吉饼一样堆放起来，每一个环都有 7 个蛋白质分子组成。在中央核心内，为了降解蛋白质，目标蛋白质会被一个称为泛素的小型蛋白质所标记，这些小型蛋白质遍及整个细胞。细胞废物处理的这个基本机制是在大约 30 年前，由三位科学家阿龙·切哈诺沃（Aaron Ciechanover）阿夫拉姆·赫什科（Avram Hershko）欧文·A. 罗斯（Irwin A. Rose）所阐明的，他们还因而赢得了 2004 年的诺贝尔化学奖。

每个蛋白质机器人在细胞内的寿命都是通过遗传密码预先编排好的。这个程序的效应根据生命形式的不同而略有改变。比如说，大肠杆菌和酵母细胞都含有 β - 牛乳糖酶，这种酶帮助分解复杂的糖类；然而这种酶的半衰期高度依赖于蛋白质终端的氨基酸（N - 末端氨基酸）。当 β - 牛乳糖里的 N-末端氨基酸是精氨酸、赖氨酸或色氨酸时，蛋白质的半衰期在大肠杆菌中为 120 秒，在酵母中为 180 秒。当 N - 末端氨基酸是丝氨酸、缬氨酸、蛋氨酸时半衰期就会大大延长，在大肠杆菌中超过 10 个小时，而在酵母则超过 30 个小时。这就是被称为蛋白质降解的方式的 N - 末端规则（N-endrule）。

蛋白质的不稳定性和蛋白质的转换都说明，如果细胞仅仅是含有蛋白质而没有遗传程序编排的膜囊——囊泡，那么细胞生命周期本身将会非常短暂。所有细胞都会死亡，因为它们不能持续不断地制造出蛋白质来代替那些已经损坏的或者折叠错误的蛋白质。在一个小时内或更短的时间里，一个细菌细胞要么重造所有蛋白质，要么死亡。细胞结构也是如此，就以细胞膜为例：磷脂分子的转换和膜转运蛋白的作用方式也是这样，如果它们得不到持续的补充，那么膜就会破裂，然后细胞内的物质就会溢出细胞。当我们在实验室里培养细胞时，为选择可行的细胞而做的一个简单测试是，确定膜是否足以允许大分子"染料"透过。如果这种"染料"能够渗透入细胞，那么毫无疑问，它们将会死亡。

在多细胞生物中存在着一种蛋白质机制，它能够降解和毁坏陈旧的或者有缺陷的细胞。这是一种细胞程序性死亡的过程，被称为细胞凋亡（apoptosis），它是生命和生命发展过程的一个重要组成部分。当然，拆解像细胞这样复杂的东西是一大壮举，它需要极强的协调性。凋亡体，别名叫"七轮辐死亡机器"，它是利用细胞凋亡蛋白酶的级联反应——吸收蛋白质的酶或者蛋白质酶体——开始它的毁坏过程的。这些细胞凋亡蛋白酶负责拆除一些很关键的细胞蛋白质，比如细胞支架蛋白质，在发生细胞凋亡的过程中，我们会观察到细胞的形状会发生典型的变化。细胞凋亡的另一个特点是会出现DNA软件的碎片。凋亡蛋白酶在这一过程中通过激活一种能够劈开DNA及脱氧核糖核酸酶的酶扮演了一个重要的角色。结果，它们抑制了DNA修复酶，同时允许细胞核中的结构蛋白的分解。

我们可能会把我们的身体当作是一种在空间上的蛋白质模型，但是由于它们的组件不停地进行更替，所以整个模型是动态的。薛定谔完全理解这一点，他说："生命本身就是一条浓缩的'有序的河流'送给我们的礼物，这样一来，生命就可以避免在'原子的混乱无序'中衰败的命运，而且能够从合适的环境中汲取'秩序'来维持自身。"

布朗运动：生命的驱动力

最后，我们应该考虑一下，在每一个细胞内，最终驱动着所有这些奇妙的活动和转换的那个东西究竟是什么？如果真的存在着一个"候选人"，它提供了一种能够激发出非常有活力的生物的"生命力"，那么它就应该是在1827年让罗伯特·布朗（Robert Brown，1773—1858）狂喜的那个东西。当时这位苏格兰植物学家完全被花粉粒中不断进行的之字形的微粒运动迷住了，而且后来这种现象就是以他的名字来命名的——布朗运动。让布朗感到迷惑的是，液体中这种微粒运动并不是由液体的流动、蒸发或者任何其他明显的原因所引起的。一开始的时候他以为他窥见了"生命的秘密"，但是，当他在金属颗粒中也观察到了这种运动之后，他放弃了这种信念。

一直要等到布朗目睹了这种运动75年之后，使我们能够以现在这种方式理解它的最关键的第一步才姗姗而来。1905年，阿尔伯特·爱因斯坦（Albert Einstein，1879—1955）证明了，这些微粒是被围绕在它们周围的那些肉眼看不到的水分子所推挤而运动的。不过，即使在爱因斯坦1905年这篇论文发表后，少数物理学家（特别是恩斯特·马赫）仍然怀疑这是一个与原子和分子运动有关的物理事实。爱因斯坦的观点最终被让·巴蒂斯特·佩兰（Jean Baptiste Perrin）在巴黎用一个翔实的实验证实了。佩兰也因为这个贡献以及其他贡献而获得了1926年的诺贝尔物理学奖。

就对活细胞的工作方式的理解而言，布朗运动具有深远的影响。细胞当中的许多重要的构件，比如DNA，虽然比单个原子要大，但是它们还是非常小，当它们"漂浮"在分子和原子组成的"海洋"当中时，还是会因为周围的原子和分子的不断"推撞"而运动起来。因此，尽管DNA确实拥有一个像双螺旋结构这样的形状，但是由于随机布朗运动的力量，它同时也是一个翻滚着的、扭曲的和旋转的螺旋状物质。活细胞的蛋白质机器人之所以能够折叠成它们正确的形状，只是因为它们的构件都是容易活动的链条、薄片以及螺旋线，它们在细胞的保护膜内不断地被冲击着。生命是由布朗运动所驱动的，从沿着细胞微管拉着微小的化学物质的驱动蛋白"卡车"到旋转着的三磷腺苷合成酶，莫不如此。至关重要的是，布朗运动的强度取决于温度：如果温度过低便不会有足够多的运动；如果温度过高则所有的结构都会因为猛烈的运动而变得随机化。因此，生命只能存活于一个狭小的温度范围内。

在这个温度范围内，生命体的细胞内无时无刻不在进行的"震荡"不亚于里氏 9 级地震。"你甚至不需要用脚去踩你的自行车：你只需要在轮子上附上一个棘轮以防止它往后倒退就行了，那样就能够推动你向前行进。"加州大学伯克利分校分子和细胞生物学系的乔治·奥斯特（George Oster）和王洪云（Hongyun Wang）这样说。蛋白质机器人也是通过使用棘轮和动力冲程去管理布朗运动的，它们以此完成了类似的壮举。由于不断的随机运动和分子的振动，在短距离内的扩散是非常迅速的，这样一来，也就保证了在绝大多数细胞的极端狭小的空间里，只要有极少量的物质就能产生生物反应。

现在我们已经知道了，DNA 的线性代码决定了蛋白质机器人和 RNA 的结构，它管理着我们的细胞，反过来，蛋白质机器人和 RNA 的结构也决定着蛋白质和 RNA 的功能。由此，下一个问题也就变得显而易见了：我们怎样才能读取并准确地理解这个代码，从而使我们能够理解生命的软件呢？

LIFE AT THE SPEED OF LIGHT

第二部分
生命的合成

From the Double Helix to the Dawn
of Digital Life

03

解码生命，从基因测序开始

噬菌体phi X$_{174}$的基因测序最初是用"桑格测序法"完成的。不过，桑格测序法速度慢，测序难度大。20世纪90年代，文特尔利用独创的"全基因组霰弹测序法"快速完成了流感嗜血杆菌和生殖支原体的基因组测序。此时，一个更大的难题摆在人们面前：怎样合成一个完整的基因组？

LIFE *AT*
THE SPEED
OF **LIGHT**

在许多人看来，早期的分子生物学似乎是一门与生物化学有巨大分歧的新学科。然而，我们的观点并不涉及生物化学的方法，而仅仅涉及生物化学家们忽略的信息化学这个新领域的盲区。

—— 悉尼·布伦纳

现在我们已经进入数字生物学时代。在细胞中，蛋白质和其他相互作用的分子可以被看成是细胞的硬件，而 DNA 被编码的信息则可以被看成是细胞的软件。制造活的、能够自我复制的细胞所需要的全部信息都已被"锁定"在蜿蜒曲折的双螺旋结构当中。

一旦我们读取并翻译了它的密码，久而久之，我们就应该能够完全了解细胞是如何工作的，进而我们就能够通过编写新的细胞软件来改变和改进它们。当然，在实践中，说永远比做容易得多：对 DNA 软件的研究结果表明，它甚至比我们十年前所想象的还要复杂。

桑格测序法

早在 1949 年，弗雷德里克·桑格就已经确定了蛋白质（胰岛素）的第一个线性氨基酸序列，但读取 DNA 密码的发展过程却相当缓慢。在 20 世纪 60 年代和 70 年代，进展极其艰难，每个月（甚至每年）只能完成极少数几个碱基对的测序。1973 年，哈佛大学的艾伦·马克西姆（Allan Maxam）和沃尔特·吉尔伯特（Walter Gilbert）发表了一篇论文，描述了他们是如何使用他们新创的测序方法把 24 个碱基对确定下来的。与此同时，RNA 的测序也在进行中，进展稍微快了那么一点儿。不过，与今天我们所拥有的技术和能力相比，那就微不足道了。在当时，读取少数几个字母就已经算是了不起的"英雄壮举"了。

从人类基因最初被解密开始，大多数人都已经对基因组学有所了解，这最终促成了我和竞争对手在 2000 年与克林顿总统在白宫会面的活动，我们共同参与了一个以揭开人类基因组序列的面纱为目标的项目。实际上，解密 DNA 的最初想法至少可以追溯到半个多世纪以前，那时沃森和克里克提出了 DNA 的结构。在这个知识领域里，一个重大的飞跃发生在 1965 年，当时，由康奈尔大学的罗伯特·W.霍利领导的研究团队公布了来自酿酒酵母的酵母细胞中的、由 77 个核苷酸组成的丙氨酸的转运 RNA 序列，这是一个更大的项目——搞清楚转运 RNA 是如何帮助氨基酸合成蛋白质的——的部分成果。在那之后，RNA 测序工作继续进行，1967 年，桑格领导的研究团队从大肠杆菌中确定了 5S 核糖体 RNA 的核苷酸序列，这也是一种含有 120 个核苷酸的"迷你型"RNA。第一个被成功解密的真正意义的基因组是一个 RNA 病毒基因组：1976 年，比利时根特大学沃尔特·菲尔斯实验室成功测定了噬菌体 MS_2 的 RNA 序列。菲尔斯曾经与加州理工学院的罗伯特·L.辛斯海姆（Robert L. Sinsheimer）合作过，而后又与威斯康星州麦迪逊市的哈尔·葛宾·霍拉纳一起研究过噬菌体（噬菌体能"劫持"细菌细胞进行复制）。

起源于 20 世纪 70 年代中期的 DNA 测序技术使我最终测出人类基因组序列。当时剑桥大学的桑格领导的研究团队开发出一系列新的 DNA 测序技术。第一种测序法叫"加减"测序法，随后又出现了被桑格命名的"双脱氧法"测序法，学界为了表达对桑格的敬意，现在这种方法又被称为桑格测序法（Sanger Sequencing）。

桑格测序法利用双脱氧核苷酸或者终止核苷酸，终止 DNA 聚合酶的工作，即不让它将更多的核苷酸添加到不断增长的 DNA 链上。双脱氧核苷酸缺乏一个羟基，这就意味着，当它被一个 DNA 聚合酶连接到不断增长的核苷酸链上后，核苷酸将不会再进一步增加。通过连接一个放射性磷酸到四个核苷酸中的某一个上面，我们就给 DNA 片段贴上一个标签，这样一来，只需要将用于把各个片段分离开来的凝胶进行 X 射线曝光处理，就能够读出其中的 A、T、C、G 的序列了。

很快，桑格的团队就使用上述新测序工具完成了第一个 DNA 病毒基因组序列的测定，即对噬菌体 phi X_{174} 的测序，他们的成果于 1977 年发表在《自然》杂志上。克莱德·哈奇森（Clyde Hutchison，现在供职于 J. 克雷格·文特尔研究所）当时是桑格实验室的访问科学家（他来自北卡罗来纳大学，自 1968 年以来一直是那里的教员），哈奇森促成了 phi X_{174} 基因组序列的测序成功。20 世纪 50 年代，辛斯海姆曾经使用光散射法估算出 phi X_{174} 基因组的大小，他认为它大约有 5 400 个碱基，当桑格公布实际有 5 386 个碱基时，辛斯海姆甚感欣慰。

全基因组霰弹测序法

在桑格的论文发表之前的两年，我已经从加州大学博士毕业，到纽约州立大学布法罗分校开始了独立的研究和教学生涯。我当时没有及时看到桑格的论文，因为当时正值致命的 77 号暴雪肆虐之时，而且他的论文发表后两个星期，我的儿子也刚好出生。那时我的实验室正致力于分离和描述一种特定的蛋白质的特性，这种蛋白质通常出现在神经细胞之间进行信号传递的地方，被称为神经递质受体。

phi X_{174} 基因组测序成功后的十年中，DNA 测序工作的进展非常迅速。虽然桑格测序法成为世界性的标准测序方法，不过，它的速度很慢，非常麻烦，而且需要使用大量的放射性磷，但放射性磷的半衰期只有几个星期。此外，读取测序凝胶更像是一门艺术而非科学。桑格在他第二次获得诺贝尔奖时的演说中曾经描述过，用这个早期的 DNA 测序法进行测序，是一件非常考验人的乏味的工作，他还得出结论："应该有一种新的、可行的方法，它能够测出遗传物质的序列。"

1984 年，我把我的研究团队搬到了美国国家卫生研究院。这时，我们开始自学分子生物学，方法是参考经典的分子生物学著作，同时与马歇尔·尼伦伯格以及他的实验室进行互动交流。在我来到美国国家卫生研究院后的第一年里，我们使用有放射性的桑格测序法只完成了一个基因的测序，即人类大脑肾上腺素受体的基因。这项工作整整花费了我们大半年的时间。与桑格一样，我确信必然存在一种更好的测序方法。幸运的是，大约就在这个时候，加州理工学院的勒罗伊·胡德（Leroy Hood）和他的研究团队发表了一篇关键性的论文，描述了他们在终止 DNA 碱基对的时候，是如何使用四种不同的荧光染料来代替放射性磷的——在染色后，当用激光束激活时，其序列能够在计算机中读取出来。正当我们开始对关于测序整个人类基因组这个"疯狂"计划进行严肃的讨论时，我从一个新公司——美国应用生物系统公司（Applied Biosystems）——那里获得了第一台自动化 DNA 测序机器。

使用这种新的 DNA 测序技术，再加上计算机分析，我的实验室通过一种我自己开发出来的新方法快速测定了数以千计的人类基因。我这种方法主要集中用于那些相对较短的序列，我的团队把这类序列命名为表达序列标签（expressed sequence tag，EST）。表达序列标签法可以用来测定"被表达"的遗传物质和信使 RNA（在把它转化为互补 DNA 之后）。虽然我们利用表达序列标签法成功地发现了数千种人类基因，但是我的方法并没有得到学界认可，他们把它当作是对传统发现基因方法的威胁，事实上，我们每天所发现的新基因比过去十年里所有科学团队已经发现的全部基因还要多。直到美国政府决定为我的团队所确定的基因申请专利时，这种情况仍没有得到大幅度改善。虽然我们的发现受到了攻击，也引起了争议，但是这一切催生出一些相当吸引人的提议，其中就包括建立一个属于我自己的基础科学研究所。1992 年，我接受了这个建议。我把这个研究所命名为基因组研究所（The Institute for Genomic Research，TIGR），它位于马里兰州的罗克维尔市，在那里我们建造了世界上最大的 DNA 测序工厂，我们所使用的是最新版本的自动化 DNA 测序机器。

1993 年，我有幸在西班牙毕尔巴鄂举行的一个科学会议上概述了我们在发现基因方面取得的快速进展，那次会议上的一次偶遇，使得基因组学发展的整个历史进程发生改变。在那次会议上，许多听众都被我们利用表达序列标签法所得到的大量结果以及我们所发现的东西的性质震惊了——

尤其是，当我们宣布，我们与巴尔的摩约翰·霍普金斯凯莫癌症中心的贝尔特·福格尔斯泰因（Bert Vogelstein）一起合作，发现了引起非息肉结肠癌的基因时。当直接走到讲台前来提问的人群消散之后，我见到了一个高高的、面容和蔼可亲的男人，他留着一头银灰色的头发，戴着一副眼镜。"我原本以为你头上还长着角呢！"他这样对我说道。他指的是我的个人形象，我已经被媒体"妖魔化"了，媒体过去经常这样描绘我。他自我介绍说，他叫汉密尔顿·史密斯，来自约翰·霍普金斯大学。其实我早就听说过史密斯了，他在这个领域内声名卓著，而且他还获得过诺贝尔奖。我几乎在一瞬间就喜欢上了史密斯——他显然已经决定，关于我这个人，关于我所从事的科学研究事业，他要自己来下判断，而不会让他人决定自己的思想。

那个时候，史密斯 62 岁，已经走过了一段漫长的、富有成效的职业生涯，他正在考虑退休的问题。然而当我结束演讲之后，我们在酒吧交谈，随后又共进晚餐，他提出了一个颇有意思的建议。史密斯告诉我，他认为，他本人最"喜欢"的细菌流感嗜血杆菌（他从中分离出了第一个限制性内切酶）将会是使用我的方法进行基因测序的一个非常理想的"候选人"。

我们第一个合作项目的启动过程显得非常缓慢，对此史密斯解释说，制造包含流感嗜血杆菌基因片段的克隆库存在着一些问题。不过，仅仅几年之后，他又透露，他在约翰·霍普金斯大学的同事不喜欢我的项目，他们因为对表达序列标签法"愤怒和恐惧"而用怀疑的目光看待我，他们告诫史密斯，他与我的交往将会毁掉自己的一世英名。尽管他们中的许多人都将自己的整个职业生涯奉献在研究流感嗜血杆菌上，但是他们却没有立即看到获得它的整个基因组序列的价值。最终，史密斯不得不退出，重新组建了一个自己的团队，正如我在几年前致力于开发表达序列标签法时的情况一样。

史密斯开始在基因组研究所与我合作。我们合作项目的工作开始于 1994 年，参与人员包括我的科学团队中的大部分人。与早些年与桑格实验室合作研究 phi X_{174} 时不一样，那时我们使用的是孤立的独一无二的酶片断，一次只能测出一个基因序列，我们完全依赖于随机性。现在，我们把一个混合库中的基因组打碎成片断，随机选出 25 000 个片段以获得短序列，每个序列大约有 500 个字母。我们使用一种由格兰杰·萨顿（Granger Sutton）开发出来的新算法，开始求解这个迄今一直困扰着我们的最大的生物难题，然后我们把这些片段重新组装到原来的基因组中。在这个过程当中，我们开发出许多新方法用于完成基因组的测序工作。基因中的每一个碱基对都被精确地测出了序列，25 000 个片段也都被精确地组装成功。结果是，180 万个基因碱基对在计算机里以正确的顺序完成了重组。

我们下一步要做的工作是，诠释基因组以及将基因组的所有成分都识别出来。作为研究活的自我复制有机体的基因补体的第一步，我想做的不仅仅是简单地报告序列。我们研究团队花了大量的时间研究这样一个问题：关于有机体的生命，基因集到底能够告诉我们什么？或者说，这个被写入了生命的结构和功能的软件对我们究竟意味着什么？我们把研究这个问题的结果写成了一篇论文，它很快被《科学》杂志接受，并计划于 1995 年的 6 月发表。而在此之前，关于我们成功的"谣言"已经在学界流传了几个星期。结果，我被邀请在美国微生物协会的年会上发表"会长演讲"，这次会议定于 1995 年 5 月 24 日在华盛顿特区举行。我接受了这个邀请，因为我以为史密斯会与我一起站在这个演讲台上。当我看到美国微生物协会主席、圣路易斯华盛顿大学的戴维·施莱辛格（David Schlessinger）把它宣告为一个"历史事件"时，我的压力真正来临了。

在测定流感嗜血杆菌基因序列的过程中，我们已经把生物学的双螺旋结构转变成了计算机数字世界中的代码，但是有趣的事情才刚刚开始出现。事实上，虽然我们是利用这种细菌的基因组来探索它的生物特性以及试图揭示它如何引起脑膜炎和其他传染病的，但我们其实已经测出了第二个基因组的序列，以便验证这种方法。它属于我们目前所知道的最小的一种生物，即生殖支原体。当我结束演讲时，所有听众全都齐刷刷地站了起来，掌声真诚而热烈，经久不息。我以前在任何一个科学会议上从未看到过如此强烈而自发的反应。

这是一个非常甜蜜的时刻。我的研究团队成为有史以来第一个测定活细胞基因代码序列的团队。另一个事实同样意义非凡，我们是通过开发出一种全新方法做到这一点的，我们把这种方法命名为"全基因组霰弹测序法"（whole genome shotgun sequencing）。这无疑是了不起的成就，它标志着一个新纪元的开始，自此之后，对活体生物 DNA 的读取就成了一种"常规化操作"，这极大方便了对它们的分析、比较和阐释。

在我们完成了对流感嗜血杆菌基因组的测序工作后，我开始着手进行第二个基因组的测序工作，这样我们就能够对这两个基因组进行对比以帮助理解生命所需的最小基因集这一问题。当时北卡罗来纳大学教堂山分校的克莱德·哈奇森已经提出一个非常有吸引力的"候选人"，它拥有目前所知的规模最小的基因组，那是一种生殖支原体，它只有不到 500 个基因。对这个基因组的研究似乎可以与我们在流感嗜血杆菌基因组上的工作形成互补，因为生殖支原体来自一个不同的细菌种类。革兰氏染色法（Gram staining）是以它的发明者汉斯·克里斯蒂·革兰（Hans Christian Gram，1853—1938）命名的，利用这种方法，可以把所有的细菌物种分成两组：能够被染成紫色／蓝色的细菌称为革兰氏阳性细菌（例如，枯草芽孢杆菌等）；能够被染成粉红色／红色的细菌为革兰氏阴性细菌（例如，流感嗜血杆菌）。通常认为，生殖支原体是由一种源自芽孢杆菌的物种演化而来的，因此它被归入革兰氏阳性细菌的成员中。

生殖支原体基因组的测序工作需要三个月就可以完成。1995 年，我们在《科学》杂志上已经发表了 582 970 个生殖支原体基因组的碱基对。虽然我们所取得的成果最后都是为了创建一个合成细胞，但是它们也产生了一些更加直接的影响。在此之后，事实上我们已经创建了一门新的学科，它被称为比较基因组学（comparative genomics）。通过对这两个有史以来最早被测定的基因组序列的比较，我们能够找到一些与活的自我复制的生命形式相关的共同元素。比较基因组学利用了生物学中最令人激动的发现之一：当演化产生出一个执行关键的生物功能的蛋白质结构时，演化往往会一遍又一遍地使用相同的结构／序列。

举个例子，控制酵母细胞分裂基本过程的基因与控制人类细胞分裂基本过程的基因是类似的。因为我们已经从大肠杆菌那里识别出了为 DNA 聚合酶指定遗传密码的基因，并且对它的测序也成功了，其功能特征也已经明确了。这样一来，我们的研究团队能够利用这个信息在推定的流感嗜血杆菌的基因序列中寻找类似的序列。如果任何一个 DNA 序列都是与大肠杆菌 DNA 聚合酶基因序列相差无几的话，那么我们能够推断，流感嗜血杆菌基因同样是一种 DNA 聚合酶。问题是，在 1995 年，基因数据库中的数据非常匮乏，因此我们无法对基因组进行太多的比较。结果在我们已经测序的基因组中，有近 40% 的推定基因在数据库中得不到与之匹配的数据。

我们发表在《科学》杂志上那篇有关生殖支原体的论文描述的是，我们是如何使用两个已经测序成功的基因组数据去探讨有关生命秘密的基本问题的。这个问题就是：这两个物种所包含的基因内容的关键性差异是什么？在流感嗜血杆菌中大约有 1 740 种蛋白质，每一种蛋白质都被一种特定的基因指定了遗传密码，另外还有 80 个基因是为 RNA 指定遗传密码的。生殖支原体只有 482 种被基因指定了遗传密码的蛋白质以及 42 个 RNA 基因。生殖支原体基因组更小，部分是因为它缺乏制造自己的氨基酸的所有基因（这些基因能够从它们的人类宿主中获得）。与生殖支原体一样，我们人类也有"必需氨基酸"，比如缬氨酸和色氨酸，这些氨基酸是我们的细胞无法自己制造出来的，我们不得不从食物中获取它们。

最小基因集

也许一个更有意思的问题是：这些截然不同的微生物共同拥有哪些基因。如果在许多不同种类的有机体中都找到了相同的基因，那么这些基因必定具有某种更为重要的意义。共同的基因表明，这些不同种类的有机体具有一个共同的祖先，它们实际上可能就是生命过程本身的核心。在 1995 年的那篇论文中，其中一个关键性的段落这样写道："对生殖支原体的基因以及它们的组织结构进行细致的探究，然后我们就可以着手描述生存必需的最小基因集了。"

接下来，我们就开始思考生命的最小基因集的问题。一个细胞生存和发展所需的最少数量的基因都有什么？我们希望通过这些种类完全不同的细菌所共同拥有的基因，让我们窥见这个"关键基因集"的面貌。

1995 年，我们对生物学知识的匮乏状态的一个例证是，我们对流感嗜血杆菌的基因组中的 736 个基因（即 43% 的基因）的功能、对生殖支原体的基因组中的 152 个基因（即 32% 的基因）的功能，我们一无所知。在撰写这些论文的过程中，关于生命的奥秘、生殖支原体的基因组是否能够代表一个真正的最小基因集，我们曾经讨论过许多次。有关生殖支原体这篇论文的结论就暗含了讨论结果："把一个新测序成功的基因序列与生殖支原体的基因序列进行对比，应该有助于我们为一个自我复制的有机体的基本基因补体下一个更精确的定义，也有助于我们更加深刻全面地理解生命的多样性。"好消息是，其他研究团队也根据我们最初发表的这两个基因组的数据开始跟进了。美国国家卫生研究院的尤金·库宁（Eugene Koonin）称赞道，这个发展标志着基因科学新时代的来临。库宁还依据他们的计算结果得出了这样一个结论：在微生物中，基因多样性的情况很少见。他这个结论是建立在革兰氏阴性细菌（流感嗜血杆菌）的基因集与革兰氏阳性细菌（生殖支原体）的基因集相似的基础上的。然而，我们的下一个基因组项目却一下改变了关于基因多样性的"世界观"。

1996 年，我们特意为第三个基因组项目选择了一个不同寻常的物种：詹氏甲烷球菌（Methanococcus jannaschii）。这种单细胞生物生活在海底热泉喷口附近，那是一个非同寻常的环境，时刻都有炽热的、富含矿物的液体从深深的海底喷涌而出。在这地狱般的环境中，这些细胞要承受得住超过 245 个大气压的压力（相当于每平方厘米的面积要承受 279 千克的压力，如此巨大的压力可以压碎许多东西）以及大约 85℃ 的高温。这本身就已经非常了不起了，大多数蛋白质在 50℃ ~ 60℃ 左右时就会改变性质，这就是为什么烹煮后的蛋白会变硬的原因。与生长在地表上依赖阳光的其他生命体不一样，甲烷球菌是一种自养生物，也就是说，它能够从无机物中制造出维持自己生存所需要的一切物质。对甲烷球菌来说，二氧化碳就是所有蛋白质和脂质的碳源，它能够通过把二氧化碳转化为甲烷来"生产"自身所需的细胞能量。甲烷球菌属于被称为生命的第三个分支的古生菌，它是直到 1977 年才被伊利诺伊州大学的卡尔·乌斯发现的。在与乌斯合作时，我们选择了甲烷球菌作为进行测序和分析的第一个古生菌。

甲烷球菌的基因序列果然没有让人失望。甲烷球菌的基因组极大地拓宽了我们的生物学视野和对这个星球上基因库的理解。在甲烷球菌的基因组中，差不多有 60% 的基因在科学上是全新的，其功能也是未知的；只有 44% 的基因与我们以前曾经描述过的基因相似。甲烷球菌的一些基因，包括与它的基本能量代谢有关的那些基因，与细菌分支相类似。然而形成鲜明对比的是，它的许多基因，包括与信息处理、基因和染色体复制有关的那些基因，却与真核生物的基因十分匹配（其中也包括一些来自人类和酵母的基因）。我们的基因组研究成果被刊登在了美国所有重要报纸和杂志的头版，在世界其他国家也几乎都以头条的形式出现。《经济学人》杂志选定的标题为《非凡的成就》，而《大众机械》（*Popular Mechanics*）则宣布我们发现了"地球上的外星生命"，《圣荷塞信使报》（*San Jose Mercury News*）也以《来自科幻小说中的东西》为题目进行了追踪报道。最近的一些研究表明，真核生物很可能是古生菌的一个分支，如果这个结果是正确的，那么这就会让我们再次回到生命的两大重要分支上来。

同年（即 1996 年），美国航空航天局公布的一些研究结果也成了世界各地报纸杂志的头条，很多人认为它们构成了火星上存在生命的证据。美国航空航天局的埃弗雷特·吉布森（Everett Gibson）和他的同事宣布，他们在一颗名为 ALH 84001 的陨石中发现了几个大小为几十纳米的微生物化石。这个发现曾经轰动一时，因为 ALH 84001 原先位于火星表面，它是由于受到撞击而脱离火星的，大约 13 000 年以前掉落在地球上。

这个火星微生物的消息，再加上这颗陨石上许多微小的斑点和小小的香肠状图案让人浮想联翩，极大地启发了人们的思维，也使得学界关于到底什么才是最小的基因组的讨论更加热烈。通过一个简单的计算，我们算出了被广为报道的"纳米细菌"的体积，我们的计算结果表明，它是如此之小，以至于根本不可能包含任何 DNA 或 RNA 分子。现在已经很清楚了，在 ALH 84001 中所看到的结构并不是来自生物体。事实上，晶体生长机制能够产生与原始细胞相类似的沉积物。

在接下来的几年里，我的团队继续对大量不同寻常的物种的基因组进行了测序，其中包括受巴里·马歇尔（Barry Marshall）的开创性工作的启发而选定的那个物种。马歇尔和病理学家罗宾·沃伦（Robin Warren）认为，人类的胃溃疡是由一种螺旋形细菌导致的，这种细菌后来被命名为幽门螺杆菌（heliobacter pylori）。尽管马歇尔的工作不断地遭受挑战和质疑，但他一直坚持了下来，这种坚持不懈的精神鼓舞了我。他的同行并不愿意相信，是细菌而不是压力导致胃溃疡。1984 年，马歇尔为了证明自己的结论，勇敢地决定采用吞服幽门螺杆菌的方式来解决这个问题。吞下幽门螺杆菌后，他很快就开始出现了呕吐症状，并且发展成胃炎。最后，他的坚持得到了回报。他的研究使得数以百万计的人决定使用抗生素治疗胃溃疡，这极大地降低了患者患胃癌的风险，而且他们不必每天都服用止痛药了。1997 年，我们公布了幽门螺杆菌的基因组序列，马歇尔也在 2005 年被授予诺贝尔医学奖。

因为单细胞生命已存在近 40 亿年了，它们生存的环境非常多样化，从极寒的南极荒漠到高热的酸性温泉，它们都可以生存。在极端的环境下还能维持自己的生命，这种能力使这些生活在边缘化环境下的生物体赢得了"极端微生物"（extremophiles）的称号。我们认为，通过探索这类极限情况的生命奥秘（正如我们已经对甲烷球菌所做的那样），我们能够从比较基因组学研究中获得最大的收获。我们要测序的下一个极端微生物基因组是古生球菌（Archaeoglobus），它生活在石油矿床和高热温泉中。这个生物体把硫酸盐作为自己的能量来源，但是它其实能够"吃"几乎任何东西。我们对这种生物体的基因组的超过 200 万个字母的初次分析结果显示，我们对其 1/4 的基因的功能一无所知（在这些神秘的基因当中有 2/3 是与詹氏甲烷球菌共同拥有的），另外还有 1/4 的基因则对新的蛋白质编码。

我们最初两个细菌基因组和第一个古生菌基因组的测序以及其他实验室和研究团队所公布的酵母基因组的测序，为全世界提供了有关所有三大生命分支基因组的最初景观。然而，这些数据能够告诉我们"生命的基本配方"是什么吗？我们试图确定生命的基本基因，这个目标驱使我们沿着几条不同的实验路径深入探寻。事实上，从一开始，我们的计划就是从多个方向出发的，旨在去实现理解"最小的自我复制的生命形式"这个目标。如果合成基因组将是最终的解决方法，那么我们就需要大量的、在科学文献中找不到的基本细胞生命的信息。

最显而易见的一个方法是，从生殖支原体基因组中"敲除"掉某些基因，然后再试图确定哪些基因是必不可少的：移除或关闭一个基因，如果生物体能够继续存活下去，那么就可以假设这个特定的基因并没有扮演关键角色；如果这个生物体死亡了，那么很明显这个基因是必不可少的。这个想法很简单，而且以前也曾经在一系列物种中成功地使用过。犹他大学的马里奥·卡佩奇（Mario Capecchi）、北卡罗来纳大学教堂山分校的奥利弗·史密斯（Oliver Smithies）以及英国卡迪夫大学的马丁·埃文斯（Martin Evans）分享了 2007 年的诺贝尔奖，就是因为他们在这个领域内的贡献：他们在 20 世纪 80 年代开发出一种小鼠基因敲除技术，能够让一个或更多的基因被选择性地关闭。

但是，理论设想是一回事，把这种方法实际应用于生殖支原体又是另一回事。事实表明，困难比原来想象的大得多。对像酵母这样的物种实施基因敲除技术是比较容易的，这要归功于可以用于这个物种的那么多有效的遗传工具。而支原体则完全缺乏类似的工具，能够使生殖支原体产生多个连续的基因变化的方法也同样付之阙如。

分子生物学的另一个基本工具是抗生素选择（antibiotic selection）。抗生素选择这种工具的原理是，利用抗生素杀死所有基因未被修改的细胞，从而把内部基因已经发生变化的那些细胞选择出来。被修改的细胞之所以能够存活下来，是因为那些被用于为它们引进新的基因的 DNA 质粒，还包含为那些耐受抗生素的酶指定遗传密码的基因。虽然这项技术已经成了大多数分子生物学实验的基础，但是不幸的是，它只对某些抗生素选择系统有效，从而严重限制了基因变化的数量。

为了解决上述问题其中一个子问题，克莱德·哈奇森想出了一个独特的方法，我们把它称为"全基因组转座因子诱变法"（whole genome transposon mutagenesis）。这个方法的关键是一种被称为"转座因子"（transposons）的小小的 DNA 基因单元，它能够让我们确定某个基因是不是必不可少的。一个转座因子是一个相对较短的 DNA 序列，它包含了一些必不可少的基因元素，有了这些基因元素，转座因子就能够插入到某个特定的基因序列当中，或者随机地插入到某个基因组当中。这个研究成果使哈奇森在 1983 年获得了诺贝尔奖。此后，美国科学家芭芭拉·麦克林托克（Barbara McClintock）在玉米当中发现了一些转座因子，它们改变了染色体的核心模式。你可以把一个转座因子看成一个自私的基因，它类似于病毒，能够"感染"一个基因组。事实证明，你的基因组当中的很大一部分就是由这种 DNA "寄生虫"所组成的。它们是很重要的，因为如果把它们插入到某一个关键基因中，并且破坏了这个关键基因的功能，它们就会引起遗传性疾病。

我们选择了一个从金黄色葡萄球菌（Staphylococcus aureus）中分离出来的转座因子（Tn4001），将它随机地插入到生殖支原体基因组中，以此来破坏基因的功能。我们培养了那些插入转座因子后还能存活下来的细胞，把它们分离出来，并且对它们进行 DNA 测序，我们从一个只跟转座因子绑定的测序引物入手，精确地确定了转座因子在基因组中的哪个位置终止。如果把 Tn4001 插入到某个基因中间，细胞仍然能够存活，那么我们可以假设，这个基因对生命并不重要。

利用转座因子对基因组进行轮番"轰炸"之后，我们得到了活细胞中所有没有被转座因子插入的基因，我们给这些基因贴上了"对生命来说是必不可少的"这样的标签，将它们归类为一个组别。然而，当我们完成了对数据的分析之后，我们便意识到，这个绝对评分系统是不成熟的，基因和基因组是具有情境特异性的，单凭基因并不能为生命下定义。因为所有的细胞都从它们的环境中获得了关键的营养和化学物质，如果环境发生改变，那么生活于那个新环境中的生命所需要的基因也会发生改变。

膜运输蛋白负责把必需营养素从环境中运送入细胞。举个例子，生殖支原体之所以能够独立地依赖于两种糖类（葡萄糖和果糖）而生长，是因为它内部存在着分别对运输每一种糖类的特定的蛋白质机器进行编码的基因。在我们的转座因子插入研究当中，这两种基因都出现在"非必需基因"那个组别中。一开始，这个结果让我们非常惊讶，因为这两种基因无疑是生殖支原体获得"食物"的途径的核心。后来我们意识到，我们培养生殖支原体细胞所使用的介质已经包含了葡萄糖和果糖，而这也就意味着，任何一种"运输机器"的基因被敲除，细胞仅仅只会改而消费另外一种糖类而已。相反，如果我们只用一种糖类来培养细胞，那么当这种糖类"运输机器"被敲除后，这些细胞便会死亡。就某些功能而言（例如糖类代谢），不难找出"有条件的至关重要的基因"，但是对于一些我们不了解的细胞功能和基因，没有一种明显的方法来确定是否还存在另外一种基因作为被破坏的基因的"后备"。

当我们把研究拓展到一种与生殖支原体相关的物种——肺炎支原体（Mycoplasma pneumonia）之后，上面这个结果进一步得到强化。肺炎支原体是生殖支原体已知的最近的亲戚，它的基因组有 816 000 个碱基对，比生殖支原体多了 236 000 个碱基对。我们想再次使用转座因子插入法和比较基因组学的方法来确定生命所需的最小数量的基因。肺炎支原体的基因组包括了一些从一个共同的祖先基因（直接同源）那里演化而来的基因，这些基因事实上包括了生殖支原体的全部 480 个蛋白编码基因以及 197 个另外的基因。这样便浮现出了一个诱人的可能性：这两个物种所共同的 480 个基因有可能接近构成最小基因集吗？我们的初始假说是，肺炎支原体的基因组中的 197 个额外基因应该可以通过转座因子全部破坏掉，因为生殖支原体的存在表明它们对生命而言并非是必不可少的。但实验结果并不令人满意，或者说给我们提供的信息量并不大。我们发现，在肺炎支原体的基因组中，共有 179 个基因已经由于被转座因子插入而受到了破坏，但是在前述 197 个额外基因中，只有 140 个基因被破坏掉了。

综合我们全部相关研究的结果，我们估计，在生殖支原体中有 180～215 个基因并非至关重要的，而必不可少的基因的数量为 265～350 个。在后者当中，有 111 个基因的功能我们目前还不知道。这显然不能算是我们所寻求的生命的精确定义。此外，通过这些数据，还有一点也已经越来越清晰了：一些就个体而言可有可无的基因，也可能无法被全都敲除。

考虑到分子生物学工具的有限性以及转座因子数据的局限性，我们得出结论：得到最小基因组的唯一方法是设法从头开始合成一个完全的细菌基因组。为此，我们将不得不只使用必不可少的基因通过化学方法合成整个染色体。然而这将是一个非常巨大的挑战。尽管近半个世纪以来，科学家们一直都在"书写"小片段的遗传密码，但是从来没有人制成任何一个 DNA 结构，甚至在我们所需要的大小的 20 倍之内的 DNA 结构也没有。

新挑战：完整基因组的合成

DNA 的化学合成工作可以追溯到 20 世纪 60 年代，它是伴随哈尔·葛宾·霍拉纳和马歇尔·尼伦伯格所取得的成功而发展起来的。但是一直到 20 世纪 80 年代，在科罗拉多大学的马文·卡拉瑟斯（Marvin Caruthers）发明了自动化 DNA 合成机器之后，化学合成才获得实质性的进展。卡拉瑟斯的合成机器利用四个装有 DNA 碱基 A、T、C 和 G 的瓶子，按指定的顺序把一个碱基添加到另一个碱基中。通过这种方法，DNA 合成机器能够制造出一个叫作寡核苷酸的短链 DNA。然而，随着寡核苷酸的长度增加，产量和精度都会下降。自那之后，围绕着合成寡核苷酸以及如何把它们送到研究者手中的问题，一个完整的行业建立了起来。在分子生物学中，合成 DNA 经常被用于 DNA 测序和聚合酶链式反应（PCR）。

把合成的寡核苷酸连接起来常常使用化学方法，以便制造出更长的 DNA 片段。当我们第一次开始讨论合成一个完整的基因组时，全世界已经制造出来的最大的 DNA 片段被测出只包含了几千个碱基对。制造一个活的生物体的基因组要求我们利用化学方法合成和组装几乎达 60 万个碱基对，因此我们知道，我们需要发展新的方法来完成这一目标。为了搞清楚我们的想法是否真的几乎没有可能性，我们决定应该首先尝试一个小型的试点性测试项目。为此，我们决定先尝试合成噬菌体 phi X$_{174}$ 的基因组。噬菌体 phi X$_{174}$ 是第一个被测序的 DNA 病毒。除此之外，另一个研究团队早在 30 年前就已经进行过一次了不起的、成功的尝试，他们采用酶法复制出一个单链基因组。

噬菌体phi X$_{174}$的合成

20世纪60年代，阿瑟·科恩伯格利用DNA聚合酶在实验室成功复制了phi X$_{174}$噬菌体的基因组并成功激活。那时，基因测序技术还未出现。phi X$_{174}$也成了文特尔第一个DNA合成的目标。实验表明，包含5 384个碱基对的phi X$_{174}$合成DNA，在进入大肠杆菌后，能够感染、复制，并且杀死大肠杆菌的细胞。人工合成病毒取得了成功！

**LIFE *AT*
THE SPEED
OF LIGHT**

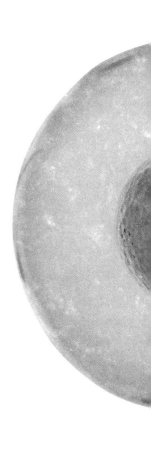

它将会是你、你的爸爸，甚至你的爷爷曾经读过的最重要的故事之一，这些人已经解开了生命的根本性秘密。这是一个真正了不起的成就。它在对抗疾病、为全人类构建更健康的生活方面打开了一扇通向未来的宽阔大门。它有可能是未来控制某些类型的癌症的第一步——这些伟大的研究天才们这样告诉我们。

—— 林登·约翰逊

尽管大多数普通人从未听说过 phi X_{174}，但这个简单的噬菌体已经在历史上赢得了它的一席之地。phi X_{174} 是第一个被测序的 DNA 病毒，也是第一个自身的基因组被人工复制和激活的生物体。phi X_{174} 最早是在巴黎的下水道中被发现的，它的攻击目标是人体肠道内的细菌——大肠杆菌。一般人可能会想不明白，科学家为什么会把如此多的注意力集中在一个乍看起来如此不起眼的病毒身上，原因其实很简单：当你在分子水平上检查它的时候，并没有太多类似的病毒。

phi X_{174} 是由环状 DNA 染色体所组成的，它总共只有 11 个基因，被一个二十面体的蛋白质 "外衣" 所包裹着，有 12 个五角形的 "锐刺"。虽然在电子显微镜下进行观察的时候，这个噬菌体看起来像是一朵美丽的鲜花，但是实际上它是一个冰冷的、几何状的东西。这个病毒比盐类晶体还难以存活，它的生命周期如下：这个噬菌体通过它的锐刺把自身的 DNA 注射到一个细菌细胞内，然后它就"劫持"这个细菌细胞的生化机制以创造出许多新的病毒。由此这个噬菌体的后代便从被支持的细胞中爆发性地繁衍起来，进而它们就能够继续感染更多的大肠杆菌。

科恩伯格，探索生命奥秘的先锋

在 20 世纪 60 年代，phi X₁₇₄ 噬菌体就已经在实验室中被重新"创造"出来了，那时候，不但 DNA 测序技术还没有出现，甚至连这个噬菌体基因组的结构也没有被发现。这项工作是由生化学家阿瑟·科恩伯格（Arthur Kornberg）所领导的斯坦福大学的一个研究团队完成的。他们能够取得这一成就的关键是，科恩伯格发现了 DNA 聚合酶，这种酶对 DNA 复制起到了关键的作用。科恩伯格的实验室最早是在试管内用他们新发现的这种酶复制 DNA 的。根据科恩伯格的论文，他的研究团队起初试图复制一个细菌基因组，但是没有成功，主要是因为聚合酶无法连续不断地读取由数以百万计的 DNA 碱基对所组成的整个基因组。

这个实验失败后，科恩伯格决定做一件 30 年之后我的研究团队做的事情：他保守地选择了一个目标 DNA 进行复制，这个目标 DNA 就是 phi X₁₇₄。作为早期的基因合成和测序的开创者之一，罗伯特·L. 辛斯海姆在那时已经发现了关于噬菌体生命周期的一些重要细节。尽管 phi X₁₇₄ 病毒的 DNA 是由一个单链环状 DNA 所组成的，辛斯海姆发现，当它感染了宿主之后，存在于细菌中的酶立即把这个环境中的 DNA 转变为通常的线状双螺旋结构。这个发现也解释了科恩伯格在他第一次复制病毒的基因组时所遇到的问题：虽然 DNA 聚合酶能够在线状形式下复制整个 phi X_{174} 基因组（5 386 个碱基对），但它不能创建有传染性的环状形式。如今我们所有人都知道如何把一条线变为一个圆环，但对半个世纪之前的科学家来说，在分子水平上实现这一点并非易事。

当然，大自然早就已经掌握了这种技巧，因此好几个科研团队，包括科恩伯格的团队，都在寻找一种细菌酶，它能够把线性双链的 DNA 的两端连接起来，使这个 DNA 变成一个完整的圆，就像一个"分子衔尾蛇"。这种搜寻工作在 1967 年结束了，因为那一年五个团队都发现了 DNA 连接酶——一种能够把 DNA 连接成一个环状的酶。到了 1967 年年底，科恩伯格已经使用 DNA 连接酶把 phi X_{174} DNA 的两端连接起来了，这样就能够利用 DNA 聚合酶对它进行复制了。现在这个复制出来的 DNA 已经有能力去感染细菌了。利用这种方法，科恩伯格已经在复制 phi X_{174} 基因组、传递 phi X_{174} 基因组了。他用这样复制出来的 DNA 去感染大肠杆菌，并制造出多个病毒副本。

然而，尽管他知道自己已经在这些"大致的轮廓"的研究中获得了成功，但是他确实不知道构成 phi X_{174} 基因组的 DNA 序列到底是什么。直到十年之后，即 1977 年，当桑格的团队在他们的新测序方法上使用了 DNA 聚合酶，并运用新的测序方法来测定 phi X_{174} 基因组的时候，科恩伯格才真正意识到自己"带给生命"的到底是什么。不过，科恩伯格的研究在当时就引起了巨大的轰动。1967 年 12 月 14 日，斯坦福大学为他举办了一个新闻发布会，那时也正好是他的论文发表在《美国科学院院报》上的时候。会议的主办者要求记者不要把科恩伯格的成就描述为"合成生命"，因为病毒并不是生物，病毒是依赖于其他生命而繁殖的。但是，他们并没有把这个要求告诉所有人。

林登·约翰逊总统原定在那一天在史密森学会为纪念《大英百科全书》出版 200 周年而发表演讲，他的演讲稿撰写人曾经问过斯坦福大学有关 DNA 工作的进展状况。尽管在约翰逊总统的演讲稿中是涉及这个内容的，但是当约翰逊总统开始朗读经过撰稿人精心准备的演讲稿时，他突然把它放在一边，而把以下这个头条新闻告诉给了听众，这时候约翰逊总统完全无法掩饰自己激动的心情：

> 它将会是你、你的爸爸、甚至你的爷爷曾经读过的最重要的故事之一，这些人已经解开了一个生命的根本性秘密。这是一个真正了不起的成就。它在对抗疾病、为全人类构建更健康的生活等方面打开了一扇通向新发现的宽阔大门。它有可能是未来控制某些类型癌症的第一步——这些伟大的研究天才们这样说。

约翰逊总统肯定已经仔细思考过政府可以"决定生命"这个问题了。在现代，一个国家已经拥有了那种在过去被认为只有大自然或者甚至是只有上帝才能拥有的权力。在这个意义上，约翰逊总统上面这番话就显得意味深长了。"如果你仔细思考这位总统当前正在做的一些决定的话，你就会发现，这将成为最重大的问题之一，或者说，将成为最重大的决定之一。与未来某个美国总统将来要做出的一些决定相比，它将是一个至关重要的开端。"在这次演讲之后，全世界的头条新闻都是"这预示着第一个合成生命诞生的日子即将来临"，这个结果实在不足为奇。

我今生有幸，在数十年之后，终于听到了约翰逊总统所说的关于"生命的秘密"的这段话。我在 2010 年宣布了第一个合成细胞诞生的消息，后来我接受了全国公共广播电台的科学记者乔·帕尔卡（Joe Palca）的采访，采访时电台引用了约翰逊总统的录音。（而当年，当那个消息公布的时候，我正在越南的岘港市作为一名海军医护兵在服役，因此这个被约翰逊总统誉为对数代人来说都是最重要的故事从我身边溜走了。）我认为，重新发现这段轶事是一个令人愉快的经历，它也是科学思考连续性的一个极好的例证。就"合成生命"这件事情，目标一直没有改变，那就是通过重造生命来最终理解生命，问题在于，在既不过分夸张，也不故意炒作的情况下，如何把真正的、令人激动的科学发现的信息传达给公众，却是一个始终都会存在的难题。通过我的博士生导师内森·O.卡普兰（Nathan O. Kaplan）的介绍，我曾经与科恩伯格见过一次面。我不知道，如果科恩伯格在他早期实验的基础上进入基因组学领域，他将会做出什么样的非凡成就。

利用原始的病毒基因组作为模板来重新创造 DNA 病毒的这些努力，后来进一步扩展到更加原始的只拥有 RNA 代码的病毒，比如脊髓灰质炎病毒和逆转录病毒（例如，艾滋病病毒）。逆转录病毒也有一个 RNA 代码，但是它是利用一种能够把 RNA 转换成 DNA 的酶在宿主细胞中进行复制的。逆转录酶是在 1970 年被发现的，这个发现是一系列关于 RNA 肿瘤病毒研究的一个成果，它对"DNA 让 RNA 制造蛋白质"这个中心法则提出了巨大的挑战。威斯康星大学的霍华德·马丁·特明（Howard Martin Temin）和麻省理工学院的戴维·巴尔的摩（David Baltimore）因为各自独立发现了逆转录酶而分享了 1975 年的诺贝尔生理学或医学奖。

在这些噬菌体 RNA 病毒中，有一种叫作 Qbeta 噬菌体，它是第一个通过逆转录酶在实验室里被重新创造出来的噬菌。瑞士分子生物学家查尔斯·韦斯曼（Charles Weissmann）的努力把这项了不起的研究工作推向了高潮。韦斯曼是一位世界闻名的科学家，他最著名的成就是在苏黎世大学完成了一项有关朊病毒的研究，以及在第一个生物科技公司基因泰克公司成立数年之后的 1980 年，利用 DNA 重组技术制造出了蛋白质干扰素。1969 年，韦斯曼与马丁·毕莱德（Martin Billeter）一起完成的有关 RNA 测序的早期开创性研究鼓舞了桑格。于是桑格与理查德·弗拉维尔（Richard Flavell）、韦斯曼一起于 1974 年打开了被称为"反向遗传学"的大门。反向遗传学与传统的遗传学截然相反，它研究的是改变遗传代码对生物体的影响，在研究中需要先识别出变异的生物体，然后再找到那个引起变异的突变 DNA。

1974 年，复制 RNA 病毒的技术又取得了一大进步。那一年，谷口维绍（Tadatsugu Taniguchi）加入到韦斯曼的研究团队，他们成功地生成了一个 Qbeta RNA 的互补双链 DNA 副本（互补 DNA），他们还把它集成在一个质粒运载体上。尤其让韦斯曼感到"惊奇和高兴"的是，当把质粒植入大肠杆菌时，它会导致传染性的 Qbeta 噬菌体出现。这是在这个方面取得的第一次成功。有了这种制造病毒互补 DNA 的技术，我们就可以进行原本无法在 RNA 层面上进行的基因操作了，这样一来，也就意味着我们能够把 DNA 重组技术应用到 RNA 病毒上去了。几年之后，文森特·拉卡涅洛（Vincent Racaniello）和戴维·巴尔的摩利用纯化脊髓灰质炎病毒 RNA 和人类的癌细胞在麻省理工学院重做了这个实验：他们也获得了真正的病毒粒子。继这项研究工作之后，几乎每一个病毒家族成员的遗传代码都被报告了出来，包括丙型肝炎、狂犬病、呼吸道合胞体病毒、甲型流感、麻疹、埃博拉病毒、布尼亚病毒以及应该对 1918 大流感负责的流感病毒，等等。

逆转录酶和 DNA 聚合酶也有助于改进用于读取遗传密码的方法。逆转录酶通常用于从信使 RNA 那里制造出互补 DNA 的克隆体，它允许我们对表达基因进行 DNA 测序。这也就是我利用表达序列标签法时所使用的方法。

从桑格的 phi X$_{174}$ 到流感嗜血杆菌，再到人类基因组，DNA 聚合酶在 DNA 测序方面扮演了关键角色。为了读取人类基因组的 30 亿个碱基对，我的研究团队又开发了全基因组霰弹测序法。这种方法把基因组分解成一个个小小的片段，这样一来，这些片段就很容易通过 DNA 测序机器读取出来。1999 年，我们把读取出来的 2 500 万个个体基因序列组合成一个完整的人类基因组花费了整整 9 个月的时间。而今天，DNA 测序已经取得了极大的进展，由于出现了许多新的技术，它们能够让一台机器在一天里就测出一个人类基因组。

精度，合成基因组的关键

在赛莱拉公司完成人类基因组的测序工作后，我把自己的研究工作重心转回到研究最小生命所需要的基本元素以及合成基因组学的下一步工作上来。汉密尔顿·史密斯也离开了赛莱拉公司，加入了我的团队，为了获取资金，我们同时向美国能源部申请拨款。当时，能源部正在开展一个名为"基因组到生命"（Genomes to Life）的项目，这个项目是由人类基因组计划的成果演变而来的。在早期，美国能源部曾经资助我的研究团队完成了一些最初的基因组测序工作，包括生殖支原体和詹氏甲烷球菌的测序。最后，美国能源部批准了一个为期 5 年的计划，每年给我们提供 500 万美元的资助——这是一个伟大的开端，有了这笔资金，我们就有可能在两个全新的领域内同时进行探索，我们认为，在这两个领域内都存在着令人激动的机会。

第一个领域是在我的基因组测序早期工作基础上的一个大胆延伸，后来它被称为宏基因组学（metagenomics）。在这个领域中，我们并不集中关注某个特定的物种，相反，我们将在诸如海洋或人类肠道等各种各样的环境中寻求获得完整的微生物多样性基因的整体"快照"。我的许多同事都怀疑，以海洋生物为样本利用霰弹测序法对所有的生物同时进行基因测序是否有效，因为我们当时正在处理的是一种包含着大量不同物种的"汤"。之所以会出现这种怀疑的论调，是因为同时对目前存在的数以千计的基因组进行测序以及使用计算机把那些正确的片段彼此重新连接和组合起来是一个相当复杂的过程，一如我们在人类基因组计划中所做的那样。我相信，每个物种的遗传密码都是足够独特的，因此能够利用计算机从一大堆毫无关系的、杂乱无章的基因序列的"混合物"中完成重新编码。

后来的事实证明，我的环境霰弹测序新方法获得了极大的成功。我们是从百慕大群岛周围的马尾藻海里的水生样本开始的。由于缺乏足够的营养成分，这个地方被当时的很多人认定是一片海洋"荒漠"。但是，就在这片"贫瘠"的海域里，我们仅仅在一个样本里就发现了超过120万个以前从不知道的基因，它们至少涉及1 800个物种。这个"贫瘠"的海域其实充满了生命（因为这些生物体的能量是直接来自阳光的）。我们还发现，除了光合作用之外，几乎每一种生活于上层海水区的微生物都拥有一种光敏蛋白，即视紫红质光感受器，它与人类眼睛中的视紫红质光感受器非常相似。我们的"魔法师II"号（*Sorcerer II*）探险工作的一部分是每隔300公里进行一次取样，在过去的6年时间里，我们已经走完了8万多公里的海域，在这个过程中，我们已经发现了8 000多万个基因。现在已经知道，以往所认定的一些"单一物种"，其实是由数以千计的关系紧密的生物体所组成的群落。经过大量的研究，我们估计在海洋中存在着大约10^{30}种单细胞生物以及10^{31}种病毒。这是一个巨大的数字，相当于地球上每个人都拥有十万亿个生物体。

美国能源部还资助了另一个研究领域，这使我们能够沿着最初的合成生命这条道路重新开始研究。克莱德·哈奇森曾经根据他自己与罗伯特·辛斯海姆和弗雷德里克·桑格的前期工作提出了一个建议，那就是把噬菌体 phi X_{174} 作为一个测试项目。这里有几个理由可以解释为什么这个项目会成为一个非常有吸引力的目标。噬菌体的基因组规模很小，而且 phi X_{174} 不允许出现太多的基因变化，因此它也可以成为检验合成精确度的一个非常好的"标准"。同时，它身上还隐含着大量的关于病毒的信息。感谢科恩伯格、桑格和辛斯海姆的努力。辛斯海姆是在受到马克斯·德尔布吕克的鼓舞之后开始研究噬菌体的，因此我们完全可以理解他会选择他所能找到的最小的噬菌体开始进行研究。

为了测试一个简单的合成方法，1997 年，我们第一次尝试利用一系列由 50 个碱基对叠加而成的寡核苷酸来合成 phi X_{174} 基因组，然后再通过一个聚合酶链式反应进行基因组复制。一开始，我们这个实验似乎很成功。克莱德·哈奇森的实验笔记记录了在 4 月 22 日我们是怎样制造出合适大小的 DNA 分子的（它的大小与一个完整的 phi X_{174} 基因组相适应）。然而，最关键的问题随后出现了，那就是：要达到什么样的合成精确度才足以保证我们能够制造出病毒呢？我们的目标是利用合成 DNA 去感染大肠杆菌，如果 DNA 没有致命错误，这种细菌就会产生编码蛋白质，它将能够自己组合制造出更多的 phi X_{174} 病毒副本。不幸的是，我们的合成基因组根本不具有感染性。当然，我们知道，DNA 合成是很容易出错的，但我们希望的是，通过感染的选择过程，我们能够找到那个具有正确序列的万里挑一的 DNA 链。

不过，我们失败了，而且当我们意识到我们这次失败到底意味着什么的时候，上面那个希望也破灭了。即使是这样一个小小的病毒，精确合成 DNA 仍然是一个比我们所想象的还要更加困难得多的任务，更不用说制造出一个完整的细菌基因组，从而制造出一个活的细胞这种宏基伟业了。

因此，作为一个团队，我们现在需要好好筹划一下了：我们应该如何推进我们的研究？我们甚至还必须权衡一个更大的问题：实现合成生命这个最终目标是否有可能实现？不过，我们又得到了一个对人类基因组进行测序的机会，这个机会使我们对这一方面一些重要问题的思考推迟了好几年。但是，一等到我们成功地完成了人类基因组测序，我们就又重新回到了合成基因组这个更具挑战性的研究项目上来了。而且，我们下定决心，一定要取得成功。

由于在寡核苷酸合成过程中发生了一些不可避免的错误，我们在几年前合成 phi X$_{174}$ 的最初尝试明显失败了。如果 DNA 自动合成机器能够按照预先编制好的序列制造出纯化的、零错误的寡核苷酸，那么再对长长的双链 DNA 分子进行组合就会相对简单些。但是在现实中，只有约一半的合成分子会有正确的链长，其余的大多都是缩短的分子。通常，它们比预期要短的原因是，DNA 自动合成机器有一个不能合成的基础片段，这个问题被称为 N-1 问题。这些错误的分子或者会导致停止合成寡核苷酸，或者会导致合成带有错误的基因代码的 DNA。

我们首先进行了一个简单的计算，以便找到我们没有取得成功的原因。因为平均来说，用于组合噬菌体 DNA 的每两个分子中只有一个是正确的，这样在早年间我们的合成为什么会失败就非常明显了（这也非常令人沮丧）。从 130 个非纯化的寡核苷酸中，以随机选择的方式，完全正确地合成一条 phi X$_{174}$ 基因组链的概率大约只有 10^{-39}，这是一个极小极小的数字。我们估计，既然采用感染之后再进行选择的方法，也必须把不正确的寡核苷酸的比例减少到 10% 以下，因为只有这样，我们才能保证有机会制造出完全正确的分子。

大功告成：第一个合成传染性病毒phi X$_{174}$诞生

就这样，我们回到基本问题上来了。首先，我们重新评估了我们想重构的基因组，以便确定我们是从一个精确的病毒序列开始的。我们的序列是建立在由桑格和他的同事在1978年撰写的那篇具有历史意义的论文的基础上的。我们是幸运的，因为克莱德·哈奇森保存了一个来自最初测序的病毒的样本，因此我们能够用最新的方法进行重新测序以检验桑格研究团队工作的精确性。我们发现，在5 384个碱基对中，只有3个是不一样的，我们不知道这是由于最初测序的错误，还是由于在样本的重新培养中发生了病毒变异。不管什么原因，这已经足以证明它是非常精确的，这是桑格研究团队努力程度的一个证明。

序列的精确度始终是基因组学领域的一个问题。绝大部分早期的DNA测序精确度远远不及99%（100个碱基对中只有一个是错误的）。只有少数实验室得到的结果才满足人类基因组设定的"高"标准，即每10 000个碱基对中只有一个错误。书写遗传密码的标准比读取DNA软件的现行标准还要整整高出几个数量级。这是因为，数字化的DNA序列将会成为基因组设计和合成的基础：既然要合成生命，那么基因序列必须是非常精确的。后来，当开始创造第一个合成生命的时候，我们在110万个基因代码字母中只发现了一个"拼写错误"。但是我们发现，即使只有这一个碱基对被删除了，也意味着生死之别。

根据辛斯海姆的研究成果，我们已经知道，phi X$_{174}$基因组必须先变成环状才能具有传染性。为了创造一个功能性的环状合成基因组，我们把这个问题分成了几个步骤来解决。我们从计算机文件中的DNA序列开始，然后把基因组分成一系列足够小的、前后之间有所重叠的片段，以保证 DNA 合成机器能够发挥作用。为了合成噬菌体，我们设计了 259 个寡核苷酸，每个寡核苷酸的长度为 42 个碱基，它们覆盖了噬菌体的整个基因组（前后片段之间有一定重叠）。这个基因组链的"上链"由 130 个寡核苷酸组成，而"下链"则由另外 129 个寡核苷酸组成。因为 phi X$_{174}$ 基因组是由 5 384 个碱基对组成的，所以这个设计也必须考虑那个由 42 个碱基组成的片段的重叠部分——我们把它叫作 42 穆丝（"mers"这个单词源于希腊语中的"*meros*"一词，意为"部分"，它是对每个碱基而言的）。同时还要考虑我们添加到每个基因组末端的一个额外序列，它是用来复制基因组内只出现一次的限制性位点的，在这个位点上，限制性内切酶 PstI 能够把 DNA 切断，以便制造出能够把彼此连接起来的重叠性的末端部分，使 DNA 形成一个环状。

由于我们已经知道，在合成的 42 穆丝 DNA 片段中只有一半具有正确的长度，因此我们推断，通过简单地纯化寡核苷酸就可以极大地提高组合的精确度，DNA 测序凝胶能够按不同的长度对 DNA 分子进行归类，它也能够把只有一个核苷酸差异的分子区分出来。这个过程叫作凝胶电泳（gelelectrophoresis），带负电荷的核酸分子在电场的影响下通过琼脂糖凝胶进行移动。被缩短的寡核苷酸更小，因此它们比大小合适的寡核苷酸移动得更快。利用刀片把凝胶简单地切成片，我们就能够分离出大小合适的片段，这样一来，我们就可以用它们把大小正确的 phi X$_{174}$ 链的顶端和末端组合起来了。

现在，我们已经得到了以纯化寡核苷酸链的形式来构建噬菌体基因组所需的元件了。由于设计当中需要有所重叠，因此接下来我们把寡核苷酸链的顶端和末端合并起来，并使它们按正确的顺序连接起来，就像"自组装"的乐高积木一样。然后我们利用 DNA 连接酶把这些片段永久性地连接起来。不过，与科恩伯格所使用的那种酶不同，我们所选择的是来自一种高温生物体的更为强劲的连接酶，因此它可以长时间地处于活跃状态。在让寡核苷酸池在 55℃ 的温度下反应了 18 个小时之后，我们从那 42 个寡核苷酸碱基出发，重组出了一些平均大小约为 700 个碱基的片段，其中有些片段包含 2 000 ~ 3 000 个碱基。

我们运用一种被称作聚合酶循环组装法（PCA），利用这些较长的 DNA 片段生成了 phi X_{174} 的完整长度的基因组序列。聚合酶循环组装法是聚合酶链式反应（PCR）的一个变种，而聚合酶链反应则是一种常用的 DNA 扩增的方法。利用聚合酶链反应方法，通过加热样本，我们能够扩增极少量的 DNA，由此 DNA 会变性或熔化，这样，一个双链的 DNA 就被分离成为两个单链的 DNA。接下来，以原始链作为模板利用具有耐热性的 Taq 酶制造出两条新的 DNA 链，这样就复制出了原始链，因此每个新分子都包含着一个旧 DNA 链和一个新 DNA 链。然后每一条链都能用于创造两个新的复制品，以此类推。

这个过程的一个变种被称为聚合酶循环组装，我们从来自最初组装阶段的所有较大的 DNA 片段开始（平均规模为 700 个碱基对），再一次把双链 DNA 熔化为单链 DNA。我们没有利用 DNA 聚合酶复制单链 DNA，相反，我们让反应冷却下来，因此单链 DNA 会与任何一条互补链再次退火，利用这种方法，就能得到成对的互补碱基。这样做的原因一般是，两条 DNA 链将只有在其中一端才会重叠，从而创造出一个更长的分子，这就像你的两个食指，只有它们的第一个关节相互连接起来才能连为一线。然后我们利用 DNA 聚合酶在每一端把缺失的碱基补上，这样就把单链的 DNA 转变为了双链的 DNA。通过反复循环，我们能够构建出长达几千个碱基对的 DNA 片段，而且速度很快。这个循环会继续下去（它是随机连接的），直到分子增长到覆盖整个基因组为止。最后，常规的聚合酶链反应被用于扩增整个基因组序列。为了让这些线状的噬菌体基因组末端再次连接起来而形成具有传染性的环状，这个被扩增的分子被 PstI 酶切断，让序列的末端相互分离，随后彼此黏合在一起，从而形成环状。

接下来就到了至关重要的验证阶段。我们需要看看，我们是否能够成功地制造出一个正确的、具有传染性的合成基因组。要制造出一个具有传染性的病毒，合成 DNA 需要得到大肠杆菌细胞中酶系统的认可，即首先要被转录成信使 RNA，然后还要通过大肠杆菌的蛋白质合成机器转变为病毒的蛋白质。为了确保我们的合成 DNA 能够进入目标——大肠杆菌宿主细菌，我们利用一种叫作电穿孔（electroporation）的方法，电场能够把大肠杆菌的细胞壁凿出一些小小的临时性的孔。当大肠杆菌被合成的 phi X₁₇₄ 感染后，它能够在培养皿的琼脂（一种类似于琼脂糖和琼脂胶混合而成的胶状物）中传播，并且能够在 37℃ 的条件下培养成活 6 ~ 18 个小时。

如果在大肠杆菌的菌苔上出现了斑块——那是一种非常明显的环状物，那么我们就能够确定上述新方法奏效了。因为这种斑块将表明，病毒蛋白已经在细菌内部被成功地"生产"出来了，并且自我"组装"成了足够多的 phiX₁₇₄ 病毒副本，这将导致宿主细胞爆裂，释放出病毒，并且在这个过程中感染周的大肠杆菌细胞。当史密斯打开培养皿之后，他给我打电话让我尽快到实验室去。当他把第一个盘子给我看时，我非常高兴：盘子上到处都是明显的斑块。合成 DNA 噬菌体的确能够感染、复制，而且能够杀死细菌细胞。史密斯、哈奇森和我都非常激动。重要的是，我们创造合成基因组以及感染细胞的整个过程只花了两个星期的时间。

其实，我们的成果还应该放到更大的背景中去考察，那样它的意义就可以更加清楚了。在一年前，纽约州立大学斯托尼布鲁克分校的埃卡德·威默（Eckard Wimmer）就发表了一篇报告：他领导的研究团队也制造出一个部分有效的病毒。这无疑也是一个壮举，因为他们采用的是一种"一步一步来"的程序。其实，早在1981年，威默和他的同事就已经公布过一个脊髓灰质炎病毒的基因序列，这一次，为了制造出他们的第一个合成RNA病毒，他的研究团队根据这个序列，花了整整三年时间，先利用无数很小的合成DNA寡核苷酸组装出这个包含7 000个碱基的脊髓灰质炎基因组，然后，再利用RNA转录酶把这个合成DNA转化成具有传染性的病毒RNA。不过，与我们在合成寡核苷酸时一样，他们在制造这第一个合成RNA脊髓灰质炎病毒时也犯了同样的错误，因此，这种错误大大降低了病毒的活性。威默所取得的成就的唯一一个消极方面在于，他在将这一成果公布出来的时候，决定更多地将它作为对科学界的一种警告，而不是作为一个突破性科学研究成果，这就引发了极大的争议，也吸引了公众的注意。

紧随着威默的成果之后，我们也取得了突破，而且我们把创造一个病毒所需要的时间从以年来计算迅速地减少到以天来计算。由于威默的研究工作一直都是由美国能源部资助的，所以我联系了这个部门，告知政府我们在这个方面所取得的成功。这一次，官方的反应非常迅速，正如我在自传《解码生命》（A Life Decoded）中所叙述的那样：

> 在我联系了美国能源部之后的第二天中午，我就已经坐在离坐落于宾夕法尼亚大道的白宫仅仅几个街区之外的一家餐馆里了；而就在那之前的两个小时，我应阿里·帕特里诺斯（Ari Patrinos）的邀请，来参加一个紧急午餐会议。帕特里诺斯在美国能源部生物指挥部工作，他是这项研究的赞助人，他还曾经是白宫组建的第一个人类基因组研究计划所发表的联合

声明的主要撰稿人。在参加这次午餐会议的人当中，还有他的领导、能源部科学办公室主任雷蒙德·李·奥巴赫（Raymond Lee Orbach）、总统科学顾问和科学技术政策办公室主任约翰·H. 马伯格三世（John H. Marburger III）、白宫国土安全办公室生物恐怖主义、研究和发展部主任劳伦斯·克尔（Lawrence Kerr）。2001 年 10 月，若干封装有炭疽孢子的信件被悄然寄给了公众人物，结果造成 5 人丧生。在这次事件发生之后，美国政府投入巨资，随时准备应对未来的生物恐怖行动。

我向他们解释了我们是如何利用独创的快速纠错法以前所未有的速度制造出了 phi X$_{174}$ 的，我还告诉他们，现在我们甚至能够以更快的速度、更容易地制造出更多病毒了。克尔看起来显得忧心忡忡。这次午餐会议最后决定，伴随着合成病毒的创举而来的一些问题必须"向上传达"，即让白宫来确定我们的结果公布发表所必须要满足的潜在限制条件。

事实上，早在十多年前，我就已经敦促过政府尽快审查这一问题了。当时我的研究团队（后来搬到了美国国家卫生研究院）曾经根据卫生部部长的要求，承担了天花病毒基因组的测序工作，这项工作是履行一个国际条约的需要，该条约规定，必须彻底销毁保留在亚特兰大疾病控制中心以及莫斯科的一个安全机构（苏联国家病毒和生物技术研究中心）的天花病毒。是否要彻底销毁"残留"下来的天花病毒，是近几十年来全球公共卫生领域里争论最激烈的问题之一。我们希望做到的是，在这种病毒被彻底销毁之前，它的基因组就已经完成了测序，这样我们就能够把一些重要的科学信息保存下来。正如我在《解码生命》一书中所详细描述的那样，测序工作开始于我在美国国家卫生研究院的实验室，最终完成于基因组研究所。当我们开始分析天花病毒基因组的时候，有几个问题引起了我们的关注。

第一个问题是，政府是否允许，或者说，是否应该允许我们公布我们的测序和分析结果。把这方面的信息公之于众真的可以吗？我们对这个问题的担忧是可以理解的：天花病毒曾经造成数以百万计的人类丧生。在艾滋病病毒流行之前，人类历史上因天花病毒而死亡的人数比因其他传染病而致死的所有人的总和还要多。通常认为，天花起源于3 000多年前的印度和埃及，在历史上，它一而再、再而三地卷土重来，横扫所有大洲，致死率高达到所有感染人数的30%。被感染者即使幸存下来，也要么毁容，要么致盲。天花还被认为是消灭绝大部分美洲原住民的罪魁祸首，据说，欧洲殖民者故意把带有天花病毒的毯子送给当地的土著居民使用，从而使这种疾病在美洲新大陆上广泛传播开来。天花还夺走了无数国王（沙皇、皇帝）和皇后的性命，它已经改变了历史的进程。

最后，我参加了一个专家小组，这个小组的其他成员包括，美国国家卫生研究院院长伯娜丁·希利（Bernadine Healy）以及来自包括国防部在内的各个政府机构的政府官员。这个小组在位于贝塞斯达的美国国家卫生研究院内开会讨论这个问题。所有人都对公开发表天花基因组数据表示担忧，当然这种情绪是完全可以理解的；讨论中甚至还出现了一些更加极端的建议，包括把我的研究成果列入"绝密"，并在我创办的研究机构的大楼周围建一个安全护栏，等等。然而不幸的是，关于制定一个深思熟虑的长期战略的讨论却没有取得什么进展。相反，最后被采纳的一些政策都是由冷战时期的政治所决定的。作为与苏联所签订的条约的一部分，苏联要完成一条次要的天花DNA链的测序，而我们测序的则是一条主要的链。了解到苏联正准备公开他们的基因组数据，美国政府就催促我们加速推进研究进程，尽快完成测序工作，保证抢在苏联人之前率先公布结果。这样一来，也就给这些有意义的讨论画上了句号。

　　幸运的是，与当年考虑天花病毒数据是否公开时所采取的"应急措施"不同，这一次，白宫（时任总统是布什）非常仔细地审查了我们合成病毒工作的影响。经过广泛的磋商和研究之后，他们最终决定支持公开发布我们合成 phi X$_{174}$ 基因组的成果和相关方法，这让我很欣慰。我们是幸运的，因为我们研究的第一阶段所需的部分资金本来就是政府的拨款，这就确保了有关的监管部门能够快速做出反应。我很清楚，如果没有公开的讨论和政府的主动审查，我们的研究就很可能会由于有关方面因当时的社会氛围而下意识做出的政策反应而终止，因为当时正值"9·11"恐怖袭击事件发生不久，再加上威默的脊髓灰质炎病毒也刚刚公布，整个美国风声鹤唳，民众心理极为恐慌，在这种环境下，要做出冷静而清晰的逻辑分析是很困难的。最后，这项研究成果被发表在 2003 年 12 月 23 日出版的《美国国家科学院院刊》上。政府规定，这类成果公开发表的一个条件是（这也是我所赞成的）成立一个由多个相关政府机构的代表组成的一个委员会，专门关注一些有双重用途的生物技术，现在这个委员会是美国国家生物安全科学顾问委员会。

　　我们在华盛顿特区举行了新闻发布会，并在美国能源部的总部召开了研讨会。在谈到这篇论文时，能源部部长斯宾塞·亚伯拉罕（Spencer Abraham）称赞道，我们这个成果"简直令人吃惊"，亚伯拉罕预测，它可能会导致一些"量身定制"的微生物出现：它们能够用来处理污染物，或者吸收多余的二氧化碳，甚至可以满足未来的燃料需求。这对我是非常大的鼓励，当这些想法变成现实的时候，那将是我们为整个社会做出的重大贡献。我们现在已经有能力构建合成基因组了，我确实盼望着，这种技术将会促成一个非同寻常的进步，使我们有能力设计出一些能够解决许多重要的能源和环境问题的微生物。比如说，可以设计一些微生物，用它们来把阳光转化为燃料；还可以设计另一些微生物，用它们来"吞噬"、分解固体污染物或吸收、转化二氧化碳等废气。

我们重做了科恩伯格在20世纪60年代就已经获得成功的利用DNA聚合酶复制 phi X_{174} 基因组的实验（尽管当时人们对 phi X_{174} 基因组的了解还不深），不过我们这次用的是合成DNA。这些成果证明DNA代码中已经包含制造病毒必要的和充分的信息。总之，我们通过合成找到了一切所需的证据。由于准确地制造出了大小为5 000个碱基对的DNA片段，我们现在可以肯定，在DNA合成方面我们已经解决了关键性问题，我们能够进行下一步行动了。我们现在准备尝试去做以前从来没有人做过的事情，那就是，去创造一个完整的细菌的合成基因组，并且试图制造出第一个人造细胞。不过，当时我们并没有意识到，为了做成这件事，我们又花了整整七年的时间。

伦理问题

然而，就是在那个时候，我们已经清楚地意识到，如果在计算机里设计生命代码获得成功，并且通过化学合成把它翻译成DNA软件，然后把这些合成的代码放到一起创造出一个新的生命体，那么就意味着活力论真的寿终正寝了。由此而带来的一个必然结果是，我们已经拥有了一个清晰的图像，能够说明"生命"这个术语到底是什么意思。机械的数字世界与生物学的融合将为创造新的物种和引导未来的演化开启一扇前所未有的发展潜力之门。我们已经完成了非常重要的一个步骤，我们已经走进了"影响一切可能事物"的开端，我们能够真正实现弗朗西斯·培根所描述的建立对自然界的"统治权"。然而，伴随着这个伟大的力量而来的是我们的义务，即我们必须解释清楚我们的目的——只有这样，全社会才能够理解它——而且更为重要的是，我们必须要负责任地使用这种力量。

在我们创造合成基因组的努力最终取得成功很久之前，我迫切想要开展一个有关这一成就"对科学和社会可能意味着什么"的全面的伦理评估。我确信，有些人可能会认为合成生命是一种威胁（有人甚至认为它是"令人恐惧"的）。他们不知道，这将对人性、健康以及环境造成什么样的影响。作为我的研究所承担的"教育工作"的一部分，我在华盛顿特区的国家科学院组织了一系列名家研讨会。顾名思义，这些名家研讨会的一个特点就是，参与者当中有许多都是著名人物，例如，其中就有贾雷德·戴蒙德、悉尼·布伦纳等人。由于我对生物伦理学问题感兴趣，我还邀请了亚瑟·卡普兰（Arthur Caplan）发表了一个演讲，他当时在宾夕法尼亚大学生物伦理学中心工作。在卫生保健和伦理道德方面，卡普兰一直是一个非常有影响力的人物，

与其他演讲者一样，在亚瑟·卡普兰的演讲结束后，我邀请他一起共进晚餐。在晚餐期间，我谈到，由于当代的许多生物医学问题牵涉面都很广，因此他在自己职业生涯的这个阶段必定已经听说过其中一些问题了。卡普兰回答说，是的，他的确已经听到过这方面的一些问题了。不过，当被问及他是否曾经考虑"如何评估在实验室里创造新的合成生命形式"这个问题时，他看起来非常惊讶，他承认在我提出来之前他绝对没有听说过这个话题。我又问他，如果我给他的研究团队提供必要的资金，他会对进行这种评估感兴趣吗？卡普兰很兴奋，他对参与我们的合成生命项目非常感兴趣。随后，我们达成一个协议，我的研究所将给他的研究团队提供资金，而他的研究团队（宾夕法尼亚大学生物伦理学中心伦理研究小组）将会完全独立地评估我们

"创造一个合成细胞"这个努力将会造成怎样的影响。

卡普兰和他的研究团队组织了一系列研讨会，邀请了很多专家、宗教领袖以及普通人参加，他们还完成了大量的访谈。在其中一个环节，我也应邀参加会议，向与会者讲解了我们采取的研究方法、阐释了我们设想的目标，并回答了与会者提出的一些问题。在那次会议中，我发现我自己就坐在几个非常重要的宗教界代表旁边。会议上的讨论似乎表明，宗教界代表并不能在《圣经》或其他宗教经典中找到具体的依据来禁止创造新的生命形式这种做法，因此创造新的生命形式这种做法应该是可以接受的。对此，我感到有些震惊，当然也非常高兴。

直到由米尔德里德·K. 赵（Mildred K. Cho）、戴维·马格纳斯（David Magnus）、亚瑟·卡普兰、丹尼尔·麦吉（Daniel McGee）和基因组学伦理小组合著的一篇题为《合成一个最小基因组的伦理考量》（*Ethical Considerations in Synthesizing a Minimal Genome*）的论文发表在《科学》杂志上那一天为止，我再也没有听到过有关宾夕法尼亚大学生物伦理学研究的消息。巧合的是，我自己的研究成果同样被发表在 1999 年的 12 月 10 日出版的同一期《科学》杂志里，论文的题目为《总体转座因子突变和最小支原体基因组》（*Global Transposon Mutagenesis and a Minimal Mycoplasma Genome*），这篇论文描述的是我们如何使用转座因子来确定哪些基因对生命是至关重要的。伦理学那篇论文的作者们热情洋溢地赞誉了我们的工作，说这是通向基因工程的重要一步，它使我们能够在"只知道它们的基因组序列时，就可以创造出生物体（新的和现有的）"。

这篇论文在一开头就指出，1997 年 2 月，科学家突然宣布，克隆羊"多利"已经来到了我们生活的这个地球上,这提出了一个问题:面对着这种超出原来伦理和法律范围的科学进步,我们应该怎么做?"多利"实际上并不是第一个被克隆出来的动物,不过它是第一个从一个成年的动物细胞中克隆出来的动物。这个消息震惊了所有的生物学家,因为几乎没有人会认为存在着这种可能性:取出一个已经分化了的成年动物细胞,然后反转发育时钟,创造出一个能够再次生长发育成一只动物的细胞。当然,"捐献"出乳腺细胞、让科学家创造出"多利"的那只绵羊并没有像一些人所声称的那样"死而复生",复活的只是它的 DNA 软件。

正如我所希望的那样,随着最小的基因组被"创造"出来,有关伦理问题开始浮出水面,而宾夕法尼亚大学伦理研究小组从一开始就掌握了主动权。在我看来,这一点是特别重要的,因为在这种情况下,带来前瞻性的问题、引导讨论深入的是我们这些参加基础研究、提出推动科学进步构想的科学家,而不是满腔怒火、心怀戒备或忧心忡忡的普通民众,也不是那些宣称我们必须咨询他们的组织(虽然一些边缘化的组织后来这样宣称了)。那篇伦理学的论文的作者们还指出,尽管妖魔化我们的工作的诱惑非常大(很可能是无法抗拒的),但是"科学界和公众应该能够理解,现在最紧要的事情是努力去确定这类科学研究的性质,并搞清楚它所涉及的关键伦理问题、宗教问题和形而上学问题究竟有哪些,只有这样,有关的争论才有可能快速跟上科学发展的步伐。伦理之所以会落后于这个领域的科学进步,唯一的原因只能是,我们自己允许出现这样的情况"。

那篇文章接下去还探讨了其他各种各样的问题,包括由于新的物种出现而带来的潜在环境风险、专利方面的问题等。不过,论述安全问题的这个关键段落很大程度上在媒体的报道中被忽略了(当然,这很可能是因为人们认为合成基因组这种事情是属于非常遥远的未来的）："危险在于，如果人们掌握了一些可能会对公众健康和安全造成威胁的极端致命的病原体的序列，那就有可能弊大于利了。然而令人不安的是，对于这些技术，目前所能提供的监管方式实在是太少了。"

考虑到围绕消灭天花病毒展开的争论和对脊髓灰质炎病毒的扩散的担忧，或许还可能预期到了流感病毒大暴发时世界各地的人们束手无策的窘状，宾夕法尼亚大学伦理研究小组曾经提出过这样一个问题：我们是否应该对科学研究进行监管？如果应该，那么应该监管到何种程度？这个问题将会主导下一代合成基因组学的研究。

尽管那篇论文是发表在综合性的科学期刊《科学》杂志上的，但是奇怪的是，它却花了很大的篇幅去思考有关"生命的起源和生命的意义"的还原主义科学思想的影响，而没有真正花大力气去阐释由小小的四个字母所组成的这个单词"生命"（life）所包含的真正意义。当然，这是一个棘手的问题。作者们警告道：

> 如果最小基因组的识别和合成这一成果，被科学家们阐释为、被媒体描述为、被公众理解为证明生命可被还原成 DNA 或者干脆就等于 DNA 的话，那就会构成一个严重的威胁……这将会威胁到"生命是特殊的"这一观点。至少从亚里士多德以来，我们人类就存在一个传统，即认为生命不仅仅是物质的。这为以下这种信念提供了基础：天下万物都是相互联系着的，在一个非常重要的意义上来说，生命的意义不仅仅在于把各种物质组织起来。

好像是为了强调他们对这件事情的焦虑感似的，米尔德里德·K. 赵以及其他作者也对宗教问题给予了过多的关注："令人惊讶的是，主要的西方宗教团体几乎从来没有试图给出过生命的准确定义，也没有描述过生命的真谛究竟是什么。"因此这个责任便留给了科学，作者们得出结论，一个"有关生命的纯粹的科学定义"难免会引起人们的担忧。

根据宾夕法尼亚大学伦理研究小组的说法，最紧迫的问题在于，必须确定"这类研究是否构成了对大自然中最好留给大自然自己去解决的事务的'未经授权的介入'"。这项研究的一个重要的研究结果呼应了我在早期的一些讨论中曾经听到过的一种观点，"占主导地位的宗教观点是，虽然我们有许多理由保持谨慎，但是创造一个最小基因组这个研究议程不会因为合理的宗教因素而被自动地终止"。

然而，这并不意味着宗教因素是无关紧要的。一个极端的观点是，我们的工作标志着人类的进步。而另一个极端的观点则是，这仅仅是"自以为是的科学"的一个最新的例子，它将不可避免地导致灾难的发生——这个主题曾经在通俗文学中被一而再、再而三地描述和探讨过，从玛丽·雪莱的《弗兰肯斯坦》中的怪物，到 H.G. 威尔斯（H. G. Wells）的《拦截人魔岛》（*The Island of Doctor Moreau*）中的兽人，再到迈克尔·克莱顿（Michael Crichton）的《侏罗纪公园》（*Jurassic Park*）中的复活的恐龙，等等。

在 11 年后，当我们宣布第一个合成细胞已经诞生时，上述这一个问题再次占据整个媒体界。它们集体一致的反应是：我们是不是在"扮演上帝的角色"呢？宾夕法尼亚大学伦理研究小组的那篇论文非常明智地指出，在我们关于操纵生命应该承担的伦理道德责任的讨论中，这种反对意见已经变成一种阻止讨论正常展开的手段，而不是促进讨论深入的方法。那篇论文认为，在前述两个各执一端的立场—— 一个极端是，认为这只是"自以为是的科学的又一个例子"的悲观主义论调，另一个极端是，认为这可以视同于"人类的进步"的乐观主义观点——之间，我们有可能取得平衡。作者还补充说，一个"好的管家"将会谨慎地推动基因组研究，因为他拥有关于新知识的恰当目的和用途的深刻洞见。他们得出结论，只要研究者们继续参与公开讨论，就不存在任何强烈的伦理理由去阻止他们继续在这个领域进行研究。当然，我们一直在参与公开讨论。

05

第一个基因组的合成

文特尔把第一个合成基因组的目标瞄向了生殖支原体。这种生命体的基因组拥有582 970个碱基对，合成的精确度要求是每10万个碱基对中的错误少于一个。完整基因组的组装是在酵母细胞中进行的。实验证明，有17个细胞包含了完整的生殖支原体基因组，甚至连插入的水印"文特尔研究所"都清晰可见!

LIFE *AT*
THE SPEED
OF **LIGHT**

当前的机器之于未来相当于早期的蜥蜴之于人类。

—— 塞缪尔·巴特勒

20世纪70年代，保罗·伯格、赫伯特·伯耶和斯坦利·科恩开始切割和拼接 DNA，这是 DNA 重组的早期阶段。自那之后，人类掌控生命的实验已经取得了很大的进展。就在 20 世纪 70 年代末期，大肠杆菌的实验室菌株已经能够完成基因改造，生产出人类胰岛素了。从那时起，科学家们成功地"诱导"细菌生产人类凝血因子用以治疗血友病、制造生长激素用以治疗侏儒症。在农业方面，人类已经能够对植物进行 DNA 改造，以增强植物的抗旱、抗虫害、抗除草剂和抗病毒的能力，从而大大提高了它们的产量和营养价值；改造植物的基因，能够让它们制造出塑料，还能减少以矿物燃料为基础的肥料的使用。同时人类也试图改造动物的基因以提高肉类产量、生产出人类疾病的"模型"，制造出诸如抗凝血剂之类的药物，生产出"人乳化"的牛奶以及制造出可移植到人身体上的猪器官。基因改造后的细胞已被用于制造各种各样的蛋白质，包括从抗体到能够提高红细胞产量的红细胞生成素。一些患者已经采用过基因疗法，在治疗过程中为患者的基因打上一个软件"补丁"，从而对他们的基因进行改造，以此来治疗一些遗传性疾病，比如免疫缺陷、失明和先天性的地中海贫血，等等。

遗传工程学发展到今天，已经完全可以称为合成生物学了。分子生物学和合成生物学之间的区别是模糊不清的，并且我们在日常使用过程中实际上都是不加区分的。只是"合成生物学"这个术语听起来更为"性感"。同样的，"系统生物学"已经取代了"生理学"，还有一些古板的化学家喜欢把它们称为"纳米技术"。无论你怎么称呼它，全球各地的大批科学家都在运用将生物学与工程学结合起来的方法从事基因工程的研究了。

近来取得的成就实在太多了，我们无法详细地一一加以描述，但是在这里，我们还是要列举一些基因工程方面的进展。2002 年，分子生物学实验室的"主力军"大肠杆菌被威斯康星大学的弗雷德里克·布拉特纳（Frederick Blattner）部分地缩短了（大肠杆菌基因的 15% 被切除了），实验的目的是，被切除后的大肠杆菌基因组将成为更加可靠的工业化生产的基础。在哈佛大学，乔治·丘奇（George Church）的实验室开发出一种名为多重自动基因工程（MultipleXAutomated Genome Engineering，MAGE）的细胞编程新方法，成功地更换了 32 种大肠杆菌菌株的密码子，他们还计划在大多数被替换了密码子的大肠杆菌菌株内诱使那些部分被修改了的菌株沿着一条指定的演化途径生成单一细胞系。在麻省理工学院，克里斯托弗·沃伊特（Christopher Voigt）的实验室里安装了一个复杂的基因电路，如果把这种基因电路安装在细菌上，它就能够探测到四种不同的癌症指标，并且能够释放出杀死所有这四种癌细胞的因子。沃伊特的同事蒂莫西·卢（Timothy Lu）已经开发出了能够执行逻辑运算的 DNA 模块，这样一来，这些具有决策能力的可编程细胞就可以量身定制地应用于各种类型的程序。随着技术的进步，人类的目标也已经变得更加雄心勃勃，因此也就提出了更多的新问题，而这反过来又促进了进一步的技术进步。

目标：合成 582 970 个碱基对

如前所述，我们提出的研究计划是理解生命所必需的基因，而这就需要合成活细胞的基因组，但是要完成这一步，还需要先实现可观的技术进步。为了迎接挑战，我们需要利用各种各样的技能，正如我们早些年在人类基因组测序中获得成功时所做的一样。现代科学的成功越来越依赖于良好的团队合作。为了创造一个合成细胞，我们启动了三个主要项目。基于我们在 phi X_{174} 上的研究，我们一致认为，如果我们想要获得成功，我们的研究工作重点应该首先集中在 DNA 合成这个领域上。因此我们的第一个团队是基因合成团队，它的任务是合成完整的细菌染色体。这个团队由汉密尔顿·史密斯领导，团队成员包括丹·吉布森、圭内斯·A. 奔德斯（Gwyn A. Benders）、辛西娅·安德鲁斯 - 泼凡科治（Cynthia Andrews-Pfannkoch）、叶夫根尼娅·A. 杰尼索娃（Evgeniya A. Denisova）、霍利·巴登 - 蒂乐森（Holly Baden-Tillson）、舍里·扎维里（Jayshree Zaveri）蒂莫西·B. 斯托克韦尔（Timothy B. Stockwell）、阿努什卡·布朗莉（Anushka Brownley）、戴维·W. 托马斯（David W. Thomas）、米克尔·A. 艾尔格尔（Mikkel A. Algire）、查克·梅里曼（Chuck Merryman）、杨磊（Lei Young）、弗拉基米尔·N.

诺斯科夫（Vladimir N. Noskov）、约翰·I. 格拉斯（John I. Glass）和克莱德·哈奇森。我确信，化学方面的问题是完全可以解决的，我更关心的是生物方面的问题。我关心的是，如果成功地合成了一个细胞，那么我们能不能移植并"启动"这个合成基因组，我们是否能够对"哪些基因是最小的生命所必需的"这个问题有更多的理解？因此，我们的第二个和第三个研究团队都集中在生物学的研究上。第二个团队是基因组移植团队，它的负责人是约翰·I. 格拉斯，团队成员包括卡罗拉·拉蒂格（Carole Lartigue）、尼娜·阿尔佩罗维奇（Nina Alperovich）、伦伯特·皮珀（Rembert Pieper）和普拉尚斯·P. 帕尔马（Prashanth P. Parmar）。第三个团队是最小基因团队，由格拉斯和克莱德·哈奇森领导，团队成员包括奈拉·阿萨德 - 加西亚（Nacyra Assad-Garcia）、尼娜·阿尔佩罗维奇、石埠·约瑟夫（Shibu Yooseph）、马修·R. 刘易斯（Matthew R. Lewis）和马希尔·马鲁夫（Mahir Maruf）。虽然这三个研究团队在成员上有所重叠，但是每一支团队研究方向都是高度专注的。史密斯、哈奇森和我是全部项目的领导人；当位于拉霍亚的 J. 克雷格·文特尔研究所建立起来后，史密斯和哈奇森便搬迁到了西部，而格拉斯则在罗克维尔市承担了全面的领导责任。

我们的计划是合成一个目前已知的最小的基因组，即能够组成一个活的自我复制的细胞的生殖支原体的基因组。我们的想法是，DNA 的合成将是最大的挑战，它会为我们提供进一步缩减小型基因组的方法，从而使我们能够解释和剖析一个简单细胞的遗传指令集，这样一来，我们就可以"看到"和理解生命的最小基因组了。为了合成基因组，我们把生殖支原体基因组切割成 101 个被我们称为"卡带"的片段，每个"卡带"的大小大约与 phi X_{174} 基因组的大小相当。我们知道，我们能够在 5 000 ~ 7 000 个碱基对片段中准确地制造出合成 DNA，我们的计划是找到一种方法将它们结合起来以重建生殖支原体基因组。这个拥有 582 970 个碱基对的生殖支原体基因组比之前曾经合成过的任何东西都要大至少 20 倍。在我们做这次尝试之前，最大的人工 DNA 合成体是包括了两个小病毒和一个由 32 000 个碱基对组成的"聚酮化合物基因簇"。聚酮化合物是由细菌、真菌、植物和海洋生物等自然生产出来的、用来捕杀天敌的环状化学品，它已被用于制成许多药物，尤其用于制造抗生素和抗癌剂。

准备高精度的DNA序列数据

我们需要的是开发出一种新的工具来可靠地合成很大的 DNA 分子。工具和技术开发是科学进步的心脏，但是在我看来，一个很高的科学标准同样是必不可少的。我常常把基因组学的实验室工作描述为一个"垃圾进和垃圾出"的过程，这就像我们经常进行的计算一样，如果整个计算过程中，有某一步没有付出努力，那么计算结果就不可能是高质量的。在 20 世纪 90 年代，当我们对第一个基因组进行测序的时候，我们发现，如果我们的 DNA 库（包含了基因组的小片段）不是一个最高质量的基因库，而且在重要的基因组中无法实现所有 DNA 的随机分配，那么让计算机使用从这些基因库的样本中生成的序列来重构基因组序列就是完全不可能的。这样的高标准同样也适用于测序的 DNA 的质量、试剂的纯度和技术的可重复性。所有这些都必须是最高标准的。我的研究团队特别注意这些基础性的东西，因此我们始终都能够产生质量非常高的 DNA 序列数据。

然而，正如我们在本书第 4 章中已经讨论过的，读取遗传密码所必需的

DNA 序列数据的质量标准要远远低于写入一个能够支持生命的密码所必需的 DNA 序列数据。对于读取基因密码来说，目标通常设定为每一万个碱基对中的错误少于一个。虽然这听起来像是一个非常低的错误率，但是如果我们使用这个标准，那就意味着在生殖支原体基因组中将会出现 60 个错误的序列，而在人类基因组中则会出现超过 6 万个错误的序列。很显然，这种有错误的基因数据是不太可能支持生命的，同样也不可能为准确测定与疾病相关的人类基因的变异提供高质量的序列信息。一个典型的人类基因可能遍布于数以百万计的碱基对中，所以当前这个错误率（万分之一）就意味着每个基因都会出现不止一个序列错误。在这种情况下，在一个基因中的单个错误就有可能导致严重的疾病，比如血液疾病中的镰状细胞性贫血。出于同样的原因，这个错误率也是不可能保证我们在最低限度上重组基因组以创造出一个活的细胞的。

但是，这些简单的事实往往在妄想通过基因组测序以复活已经灭绝的物种的讨论中被忽略掉了。不管是否是因为受到了结合基因组学的鼓舞，斯万特·帕博（Svante Pääbo）主持的关于尼安德特人基因组测序，或者宾夕法尼亚州立大学的科学家进行的对猛犸象的 DNA 的测序，都已经引起了极大的关注，而且一般情况下，新闻炒作最终都会导致关于复活已经灭绝的物种的狂热幻想。我已经看到了很多风轻云淡地讨论在克隆技术的帮助下使尼安德特人或猛犸象复活的文章，但是撰写这些文章的人却往往不知道，我们已经获得的这两个物种的 DNA 序列是高度碎片化的，根本不可能涵盖整个基因组，而且由于在历史长河中因不断遭到破坏而分解脱落的结果，实质上我们从化石中获得的基因组序列比通常从一个鲜活的 DNA 中获得的序列要失准得多。

当然，解读尼安德特人的 DNA 无疑是一个令人惊奇的科学进步，它告诉了我们很多关于我们自身的演化故事，例如，它揭示了"现代人类的一些祖先与自己的"堂兄弟"尼安德特人之间的异血交配，使我们现代人身上留下了 3% ~ 4% 的源于尼安德特人的基因组"这一事实。

为了合成我们所要求的生殖支原体基因组，我们需要一个极其准确的 DNA 序列。1995 年，我们对最初的两个基因组的测序依靠的是早期的 DNA 测序仪，虽然我们当时达到的准确率已经突破了万分之一的错误率这个标准，但是我们还是担心，这个序列的质量也许不能保证产生可以用来创造出一个活的细胞的精度足够高的数据。因此，除了使用最新技术重新对生殖支原体的基因组进行测序之外，我们别无选择。我们的新的序列显示，最初的版本的精确度达到了每三万个碱基对中有一个错误，当我们把旧的序列和新的序列结合到一起之后，我们就拥有了更高的精确度——每 10 万个碱基对中的错误少于一个，而一个完全的基因组中的错误序列大约为 6 个。基于这种新的、高度精确的序列，我们开始设计合成生殖支原体基因组。

合成基因组的组装

我们已经拥有了把 phi X$_{174}$ 的数字代码转换成化学 DNA 的成功经验，这也使我们有充足的信心去创造一个能够独立生活的有机体的更大的基因组。自从我们能够高度精确地生成病毒基因组大小的基因片段后，我们就已经知道，如果我们能够把细菌染色体分解成病毒基因组大小的基因片段，并且找到一种可靠的方法将它们拼接在一起，那么我们就有机会获得成功。

为此，我们把目标基因组切割成了大小范围从 5 000 ~ 7 000 个碱基对的 101 段"卡带"。我们对这些基因"卡带"进行设计，使"卡带"与"卡带"

之间相邻部分至少有 80 个碱基对是重叠的，而最长的重叠部分则限定为 360 个碱基对，这样我们就能够把它们像乐高积木一样连接起来了。我们这样设计基因片段的目的是为了让 DNA 序列能够在重叠区域实现互补：如果基因片段的最后一个字母是 T，那么它就要与另一个基因片段的字母 A 绑定到一起。总之，这就像拉链一样，在重叠部分互补的碱基对紧密地结合在一起形成了螺旋状结构。

在努力创造合成基因组的过程中，我们需要考虑两个方面的因素。就像 phi X_{174} 的基因组一样，生殖支原体的基因组是环状的，因此我们让第 101 段基因"卡带"与第一段基因"卡带"相互重叠一部分。作为基因组设计的一部分，我们也希望自己能够万无一失地把合成的生殖支原体基因组与原始的生殖支原体基因组区分出来。这一点是至关重要的，它能使我们不受人为假象的误导，从而保证我们始终都能跟踪合成的基因组，并且毫无疑义地证明，它驱动了一个新的合成细胞，而不是一个被污染的原始细胞或基因组。

就像艺术家通常会在他们的作品中签下名字一样，我们也想在新的基因组中留下签名，以便将它与原始基因组区别开来。因此，利用单一氨基酸代码的缩写，我们设计了一些"水印序列"（watermark sequences），它们能够拼出"J. 克雷格·文特尔研究所"和"合成基因组学"以及投身到这个研究项目中的那些关键科学家的名字。我们使用不同的密码子来表示字母表中的 20 个字母中的某一个（不过，不是所有的字母都被表示出来，例如 v 与 u 是可以互换使用的）。以这种方式编码我的名字，其结果如下

TTAACTAGCTAATGTCGTGCAATTGGAGT

AGAGAACACAGAACGATTAACTAGCTAA

这些"水印序列"有间隔地插入到整个基因组中五段不同的"卡带"之中。我们还需要插入一个抗生素抗性基因，它能够让我们有选择性地杀死缺乏新的基因组的细胞，从而能够保证我们选择出合成基因组。作为基因组设计的一部分，我们将抗生素抗性基因植入到一个关键的生殖支原体基因 MG408 中，这个基因是细菌能够黏附于哺乳动物的细胞中所必需的。因为这个基因在生物体致病中起到了关键作用，我们有效地削弱了它，以确保不会危害到我们的合成生物体。

完成了上述工作之后，我们的研究团队就可以专注于最关键的一步了，即把这 101 个"卡带"组装成一个基因组。在我的坚持下，我们邀请了三家 DNA 合成公司来竞标组装这 101 个基因"卡带"这项工程的合同。但是，我们发现只有一家公司能合成 5 000 ~ 7 000 个碱基对的片段。此外，这也是一个非常昂贵的工作：DNA 合成成本为每排列一个碱基对一美元，因此单单完成排列我们所提供的原始碱基对这个任务，就得花费超过 50 万美元。既然已经在财务上做出了如此严肃的承诺，我们更加决心要把这件事情做成功。

我们所面临的最大挑战是，如何将这 101 个"卡带"连接起来。想法来自我们早期的基因组测序项目。同时在此之前，由于我们试图涵盖尽可能多的生物多样性，我还发现，许多有机体在遭受大幅度的辐射损伤后，仍然能够重建自己的基因组。1999 年，我们发表了一篇名为《抗放射性细菌耐辐射异常球菌 R1 的全基因组测序》（*Complete Genome Sequencing of the Radio- resistant Bacterium, Deinococcus radiodurans R1*）的论文，它描述的是一种能够在基因组的面上承受高达 300 万拉德电离辐射的新型微生物。而对人于类来说，只要暴露在 500 拉德相同的辐射之下就足以致命了，那么问题来了：这种异乎寻常的异常球菌在遭受如此强烈的辐射攻击之后，是如何存活下来的呢？我们能够利用相同的 DNA 修复机制造出一个合成基因组吗？

辐射对所有物种的蛋白质和 DNA 发挥作用的方式都是一样的，这部分与分子的大小有关。在我作为一名科学家的职业生涯早期，为了确定蛋白质的大小，我投入了大量的时间利用辐射去消灭活蛋白质。从原则上来讲，这种技术是很容易掌握的。辐射击破了蛋白质内部连接氨基酸的肽键，而且，对每个蛋白质只要进行"一次攻击"就足以破坏它的活性了。蛋白质分子的大小与击破肽键所需要的辐射量之间存在一种比例关系（较大的蛋白质分子比较小的蛋白质分子更容易被辐射击中），因此较小的蛋白质分子所需要的辐射剂量更多。我就是利用这种方法来确定神经递质受体蛋白质的大小和其复杂的功能的。

辐射以类似的方法影响 DNA，它打破了连接碱基的化学键。与蛋白质一样，基因组越大，破坏基因组所需的辐射剂量越小。由于我们人类的基因组较大，所以人类对辐射的影响比细菌敏感得多。一个人类细胞的基因组比一个微生物的基因组大了 1 000 多倍：一个人类细胞有 60 亿个碱基对，而一个细菌只有 100 万 ~ 800 万个碱基对。因此，破坏我们人类的双链 DNA 所需要的辐射剂量远远少于破坏一个细胞染色体所需要的辐射剂量。正是由于这个原因，我们可以确信，如果我们非常不幸地遭遇了核战争，更小的生命形式的生存能力将会更强。

那么异常球菌是如何从辐射中存活下来的呢？当它被暴露于数百万拉德的辐射之下时，异常球菌的基因组遭到了破坏，数以百计的双链 DNA 断裂了，但是它能够修复并重组它的染色体，并且继续复制。它为什么会拥有这种能力，我们至今都无法完全理解，但是至少部分是因为，它的每个染色体都能进行多重复制，因此，当它遭受随机辐射引起的 DNA 内部的链断裂时，它的基因片段能够自行调整以产生用于 DNA 修复的模板。我经常把这个过程与我们在霰弹测序中所使用的一种方法相比，即在强大的计算机上运行的软件随机重组被测序的 DNA 片段的重叠部分，以重建基因组。

我们推断，如果我们能够在异常球菌细胞之外复制异常球菌的 DNA 修复和染色体组装过程，那么我们也许可以用这种方法用更大的、病毒大小的 DNA 片段来组装我们的合成染色体。我们团队中的两名科学家桑杰·瓦希（Sanjay Vashee）和张瑞园（Ray-Yuan Chuang）同意承担这项工作。他们的团队对异常球菌基因组中所有可能相关的基因进行了归类，然后花了两年的时间克隆了每个基因，以便它们在实验室中能够产生修复蛋白。为了进行 DNA 组合和修复，他们尝试了一系列基因组合。但是经过不懈努力后，我们被迫放弃了。因为我们已经走进了一条死胡同，我们需要一种全新的方法。

我们的下一个方法是开发一个符合逻辑的、逐步组合的计划。利用相邻"卡带"的 DNA 序列的重叠设计，我们在试管内将两个"卡带"组合了起来，从而形成了一个更大的片段。然后我们在大肠杆菌中克隆出了一个新的更大的片段，因此当这个微生物成倍地增大时，更大的基因片段被复制了出来。利用这种方式，我们就能够生产出下一阶段组装用的足够多的 DNA 了。我们的最终目标不仅是能够生产出生殖支原体基因组，而且我们还能在未来的几年内构建一个适合于创造任何种类的合成基因组的强大的、可进行再复制的组装过程。

在基因组组装的第一轮实验中，我们的计划是把 4 个"卡带"连接起来，其中每一个"卡带"大约为一个 phi X_{174} 基因组的大小（这样我们将创造出一个拥有 24 000 个碱基对的基因组件）。这是通过利用一个 DNA 载体将四个等量的"卡带"添加进微量离心管（微型离心机）这种方式实现的，这样我们就能够在大肠杆菌内大量繁殖这种新构建的基因组片段了。我们所使用的DNA载体被称为细菌人工染色体（BAC），其中上述细菌人工染色体的一端与"卡带"1的起始部分相重叠，而细菌人工染色体的另一端则与"卡带"4的末端相重叠。

为了把这些基因片段接合起来，我们把一种酶（被称为3'-外切核酸酶）添加到了试管中的DNA混合物中，这种酶能够粉碎上述DNA的末端，并且只消化该DNA的两条链中的一条（这条链被称为3'链，这个名称是参照糖类中的DNA的核苷酸对碳原子的编号而定的），并离开暴露出来的另一条链（5'链）。利用温度变化控制外切核酸酶，我们可以确保"卡带"相应的单链末端能够找到彼此，并且黏合在一起，这要归功于每条链上的互补碱基对的化学吸引机制（因此我们还要感谢沃森和克里克）。

为了确保我们最终能够得到完整的双螺旋链，我们又加入了DNA聚合酶以及一些游离核苷酸，从而在任何情况下都不会使3'-外切核酸酶粉碎掉过多的链，因为聚合酶会把丢失的碱基填补回去。接着，我们把另一种酶——DNA连接酶加入到该混合物中以把这些重叠的链连接到一起。当所有的酶都完成了它们的工作后，我们就完成了全部四个"卡带"的连接工作，形成了一条拥有24 000个碱基对的链，或称"24kb"的链。为了产生能够组成一个完整的生殖支原体基因组的所有24kb"卡带"，我们将这一过程重复了25次。

由于我们已经在大肠杆菌中复制出了合成的DNA，因此我们拥有了足够的用来测序的DNA。在对所有25个24kb"卡带"进行了序列验证后，我们又在试管内重复了上述过程，这一次我们要把三个24kb"卡带"连接起来以形成一个拥有72 000个碱基对的"卡带"，每个"卡带"的大小大约相当于

1/8 个生殖支原体基因组。要做到这一点，我们首先必须用限制性内切酶把 24kb "卡带" 从细菌人工染色体载体中释放出来，这个细菌人工染色体载体是为了在大肠杆菌内培育它们而用的。

我们的细菌人工染色体载体是这样设计的：在我们插入的合成 DNA 的两侧都含有一个 8 个碱基的序列。这含有 8 个碱基的序列在生殖支原体基因组中并不是天然存在的，它是由一种称为 "诺蒂"（NotI）的特定的限制性内切酶所识别出来的。当诺蒂切断细菌人工染色体的 DNA 时，24kb 合成片段便被释放出来了。至此我们已经成功地合成了比以往所记录的任何合成基因组集都要大两倍多的基因。

我们要做的下一步便是再次重复这一过程，这一次是生产出一个拥有 144 000 个碱基对的片段，每一个片段都相当于 1/4 个目标基因组。我们准备通过相同的组装过程在试管内把两个 72kb "卡带" 连接起来。但是，从这个步骤开始，我们已经进入了一个未知的领域，我们的技术也已经发挥到了极致。当我们进行到倒数第二个步聚时，即当我们准备把两个 1/4 大小的基因片段结合起来，以制造出拥有 290 000 个碱基对的半个基因组时，我们遇到了麻烦：290kb 片段太大了，以至于大肠杆菌根本容纳不了。

因此我们的团队开始寻找另一些能够稳定地适应这些巨大的合成 DNA 分子的基因片段。我们把目标瞄准了枯草芽孢杆菌（B. subtilis），一个日本的研究团队曾经用它培育出了一个巨大的细菌藻类基因组。但是，尽管枯草芽孢杆菌确实能够容纳巨大的 290kb 的基因片段，我们也有没有办法从这些细胞中原封不动地恢复 DNA，因此我们还要另寻他法。解决方法来自一种更为复杂的真核生物，那也是世界各地的科学家在研究真核生物时非常喜爱使用的一种实验对象：啤酒酵母，又称酿酒酵母。几个世纪以来，啤酒酵母已被广泛用于酒精发酵以及制作面包，但是在科学研究中，它也是实验室里的"常客"，因为它具有相对较小的基因组以及一系列使基因的操作变得很容易的基因工具。例如，啤酒酵母已经被用于所谓的同源重组（homologous recombination）。在同源重组中，末端 DNA 序列相似的片段或者与啤酒酵母基因组中的序列完全相同的那些片段能够被拼接到它的基因组中取代间插序列。

酵母细胞大约比大肠杆菌大 10 倍，每个细胞被一层更厚的细胞壁保护着，这层细胞壁是细胞之间进行 DNA 传输的障碍。为了克服这个困难，酵母克隆（yeast cloning）需要用到一种被称为酵母裂解酶的酶来分解掉大部分细胞壁，以生成一种被称为去壁细菌细胞的东西。巨大的 DNA 片段可以更容易地导入这种去壁细菌细胞内部。酵母克隆可以产生稳定的环状人造染色体，并且由于它的环状性质，它还有另一个优点：更容易从正常的线性染色体中提纯出来。

我们发现，通过利用酵母克隆，我们能够培养出结构稳定的合成 DNA；通过利用酵母的同源重组系统，我们能够把我们重叠的 1/4 基因组片段连接起来形成 1/2 的基因组片段。这个系统允许我们在酵母中组装完全的生殖支原体基因组。至此，通向合成第一个活的有机体的基因组这座山峰，经过漫长而艰难的攀登之路后，似乎终于已经走到了尽头，我们已经看到了希望的曙光。

我们在酵母细胞中插入了 6 个 DNA 片段：一个酵母克隆载体和 5 个相对应的生殖支原体基因组（4 个 1/4 合成基因组片段以及一个为酵母克隆重

叠准备的、被一分为二的合成基因组片段）。这个实验要想获得成功，酵母细胞就需要"接纳"所有这 6 个 DNA 片段，并且通过同源重组把它们连接到一起。我们筛选出了 94 个经过转化的 DNA 大小正确的酵母细胞，发现有 17 个细胞包含了一个完整的合成生殖支原体基因组。

重大突破：第一个合成支原体诞生

到此为止，尽管看起来我们在酵母细胞中组装合成细菌基因组确实成功了，但是我们还需要进行 DNA 测序来检查合成基因组的精确性，并确保组装过程没有引起任何错误。虽然这听起来很简单，但是我们必须研究出一些新的方法来从酵母细胞中重新获得我们的合成 DNA，我们估计在细胞中只有 5% 的 DNA 具有代表性。为了丰富我们的合成 DNA，我们利用酵母基因组序列知识以及合成基因组知识来选择只会把酵母 DNA 切成一个个小小的片段的限制性内切酶。然后我们利用凝胶电泳法把酵母 DNA 的残骸碎片从完整的合成染色体中分离出来。

最后，我们利用全基因组霰弹测序法对合成基因组进行了测序。结果表明，DNA 序列与我们电脑设计的序列完全匹配，甚至连我们插入的水印也完全匹配，我们都非常高兴。是的，我们当然值得骄傲，因为我们已经合成了一个拥有 582 970 个碱基对的生殖支原体基因组，我们创造了拥有一个固定结构的最大的合成化学分子。我们终于实现了重大突破！

我们把第一个合成染色体生殖支原体叫作 JCVI$_{-1.0}$。我们把研究成果写成了论文，并于 2007 年 10 月 15 日投给了《科学》杂志，这一天刚好是我 61

岁生日的第二天。我们的论文在线发表于 2008 年 1 月 24 日，正式发表的时间则为 2008 年 2 月 29 日，我们为自己成功地创造了基因组而感到欢欣鼓舞，但是我们知道最大的挑战尚未到来：我们现在必须找到一种方法来把这第一个合成基因组移植到细胞中，以确定它是否能像一个正常的染色体那样发挥作用。在这个过程中，宿主细胞将被转换成这样一个细胞：它的所有组件都是按照我们的合成 DNA 中所保有的指令制造出来的。再一次，我们的成果是建立在许多早期研究成果的基础上的，而且与许多非常有才华的研究团队成员的天才想法分不开。事实上，这一切可以追溯到几十年前。

06

把一个物种转变为另一个物种

为了向"合成生命"再迈进一步，文特尔决定将丝状支原体的基因组向山羊支原体移植。对"蓝色菌落"的测序结果表明，所有的序列都只与移植到受体细胞的丝状支原体基因组相匹配，文特尔和他的团队成功地实现了整个基因组的移植，完成了"不可能完成的任务"。

LIFE *AT*
THE SPEED
OF LIGHT

从一种处于危机中的旧范式过渡到一种新范式的过程，不仅仅是一个积累的过程，这不是靠对旧范式的进一步阐释和推广就能够实现的。恰恰相反，这个过程涉及该领域在新的基础上进行重建，这种重建将改变该领域的某些最基本的理论以及许多范式方法和具体应用。在过渡时期，会产生一大批问题，既能用旧范式解决，也能由新范式解决，但这些问题之间绝不会完全重叠。然而，解决方法之间存在决定性的差异。当过渡完成时，领域内的研究人员就会彻底改变研究目的、研究方法和对该领域的根本认识。

——托马斯·库恩

如果让我在一项研究、一篇论文或者一个实验结果中进行选择，到底哪一个对我理解生命更有价值，那么我会毫不犹豫地选择以下这项研究：《细菌中的基因移植：把一个物种变为另一个物种》（*Genome Transplantation in Bacteria: Changing One Species to Another*）。基于这项研究的论文发表在 2007 年的《科学》杂志上。

这项研究不仅塑造了我对生命的看法，而且也为创造出第一个合成细胞奠定了坚实的基础。基因组移植不仅为完成惊人的转型提供了一个可行的途径，而且也有助于证明 DNA 就是生命的软件。

历史上的细胞核移植

从科学史的角度上，我们提出的这个"细胞核移植"概念是有前身的。在苏格兰爱丁堡附近的罗斯林研究所，伊恩·维尔穆特（Ian Wilmut）领导的一个研究团队曾经根据类似的概念克隆出一只名为"多利"的绵羊。一个包含了来自一只成年绵羊乳腺细胞 DNA 的细胞核被移植到了一个已经被抽走了细胞核的卵子中，从而有效地让乳腺细胞 DNA 返回到胚胎状态，其结果促使"多利"羊的诞生，这项成就在 1997 年成为全球头条新闻，因为"多利"是从成年羊的乳腺细胞中创造出来的。这只克隆羊取名为"多利"，是借用了一位天赋良好的歌手多利·帕顿（Dolly Parton）的名字。在克隆羊"多利"诞生之前，人们一直认为，利用从一个成年生物体中提取出来的细胞生产出克隆体是绝不可能做到的事情。罗斯林研究所之所以能够取得成功，依赖于许多因素，从对细胞生命周期理论的理解到实际采用的技术手段，例如在保护性琼脂的庇护下保护重构的胚胎。然而，正如许多人所知道的那样，"多利"并不是第一个克隆体，也不是第一只克隆羊。

细胞核移植的历史实际上可以追溯到 1938 年，当时极具创造力和影响力的德国胚胎学家汉斯·施佩曼（Hans Spemann，1869—1941）发表了第一个细胞核移植实验的结果。施佩曼是被他称为实验胚胎学或者"发育结构学"这门学科的开拓者，由于他的巨大学术贡献，他于 1935 年被授予诺贝尔奖。施佩曼与希尔德·曼戈尔德（Hilde Mangold，1898—1924）一起在蝾螈身上进行了第一个细胞核移植实验。蝾螈卵子很大，而且很容易操作，所以成了一个非常理想的实验对象。施佩曼在 1938 年出版了他那本里程碑式的著作——《胚胎发育和诱导》（*Embryonic Development and Induction*），这本书中描述了他的实验是如何依赖灵巧地运用显微镜、镊子以及有可能是从他女儿玛格丽特头上扯来的一根纤细的头发的。

施佩曼把头发当作"套索"，在双目显微镜的帮助下把一个刚刚受精的蝾螈卵子分开，"创造"出一个哑铃形的胚胎。这个"哑铃"的一侧是包含DNA的细胞核；而另一侧则是只包含细胞质（实际上包含着所有被细胞膜包裹着的除了细胞核之外的物质）。记住这一点非常重要，施佩曼最初是受到了奥古斯特·魏斯曼在遗传学上研究工作的启发。魏斯曼强调，"众所周知，遗传的秘密全隐藏在细胞核内"。细胞核在经过 4 次分裂后，发育成一个含有16 个细胞的胚胎，这时候，施佩曼松开了头发，并且允许其中的一个细胞核进入到原先被隔离开来的哑铃的另外一部分，让这个更为成熟的细胞核与卵子原来的物质相结合形成一个新的细胞。然后他再次收紧了头发，并且把它分隔成了两个胚胎。这样一来，施佩曼也就证明了，细胞核在经过 4 次分裂后，仍然能够变成任何类型的细胞。利用这种方法，施佩曼创造了一个克隆体。从遗传学角度看，这是一个只比另一个"年轻"一点点的完全一模一样的复制品。

施佩曼把这一过程称为"双生"（twinning）。这个胚胎，作为在实验室中利用细胞核移植的方法创造出来的第一个动物克隆体而被载入史册。施佩曼还想更进一步，提出了一个"异想天开的实验"的设想——利用一个成年的细胞来做同样的事情，但是如同他之前许多人一样，施佩曼出于对生命发展奥秘的敬畏而踟蹰不前，他认为克隆不仅仅取决于物理和化学。

在接下来的十年里，施佩曼的挑战引起了费城兰克努医院研究所研究人员罗伯特·布里格斯（Robert Briggs）的注意。这个研究所后来更名为癌症研究所，现在则被称为福克斯·蔡斯癌症中心。1952 年，布里格斯与托马斯·J. 金（Thomas J. King）一起利用细胞核移植方法对豹蛙进行了克隆。布里格斯和托马斯·J.金在实验时所使用的方法与施佩曼在他 1938 年的书中所提出的方法（即利用蝾螈作为实验对象进行克隆）非常相似。他们把一个来自早期胚胎的青蛙细胞核移植到普通的北美洲豹蛙的一个巨大的卵子上（1 毫米），创造出了能够变成蝌蚪的青蛙胚胎。但是他们在进一步的实验中得出结论，随着细胞的分化，发育能力会不断降低，因此从成年细胞的细胞核中制造出一个克隆体是不可能的。接着，在牛津大学工作的约翰·格登（John Gurdon）于 1962 年用一个来自蝌蚪肠内成熟的、已经特化的细胞来取代爪蟾蛙卵细胞的细胞核。这个卵子开始发育了，它变成了一只克隆蝌蚪，在随后的实验中，格登又培育了一些成年的青蛙。格登的研究告诉我们，一个成熟的、特化的细胞的细胞核可以返回到一个不成熟的状态，这一开创性的实验让格登在 50 年后，也即 2012 年获得了诺贝尔生理学或医学奖。

从某种意义上讲，我们正在尝试着做的事情要比这些开创性的细胞核移植实验还要复杂得多。当然毫无疑问，前辈的实验都是极其非同凡响的。施佩曼的工作有点儿类似于在不了解任何软件的情况下，简单地通过直接从网络上下载代码的方法，改掉了计算机内的程序。与更复杂的真核细胞不一样，细菌没有细胞核，而只有一个被封闭在细胞膜内的细胞结构。在细菌细胞内，基因组以及其他的细胞成分都悬浮在由细胞质组成的厚重的"汤"里。因此不存在可以通过外科手术方法去除的细胞器。我们面临着的一个更大的潜在挑战是，我们现在要把一个物种的遗传物质移植到另一个物种中去，而以前所有的细胞核移植实验都是在同一物种之间进行的（尽管有时候不在同一种动物之间进行）。

当我们开始考虑如何把合成 DNA 移植到细菌中，并且替换它现有的染色体时，我们就很清楚，我们需要开发出一种基因移植的新方法，因为我们必须插入新物种基因组的裸 DNA，以此来代替宿主物种的整个基因组。这里所说的裸 DNA，是指没有经过任何两个基因组的混合（重组）的 DNA。数十年来，在分子生物学领域内，个体基因已经被当作是一种通常的物质毫无限制地加以移植，包括把病毒基因和人类基因移植到细菌和酵母中，然后在那里被表达出来。然而据我所知，从来没有人尝试着去移植整个基因组，这被许多人认定为一个"不可能完成的任务"。

这种偏见往往会限制我们去尝试新方法或接受新突破。例如，微生物学家曾经认为，细菌细胞只有一个染色体。但真实的情况更加有趣，正如我在 20 世纪 90 年代中期对霍乱基因组进行测序时所发现的那样（霍乱是一种影响了全世界 500 万人口的重大疾病，它每年都会导致多达 12 万人死亡）。我们算法中一个独一无二的地方在于，我们已经开发出霰弹测序法，在测序过程中我们能够利用计算机来对基因片段重叠部分的序列代码进行匹配，它们只有在识别出重叠部分基因代码的基础上才会去组装基因序列。利用这种方法，不需要事先知道有多少染色体、质粒或病毒需要进行组装，而只要利用一种有效的数学方法把要匹配的基因碎片放到一起即可。当我们对来自霍乱基因组的序列碎片进行组装时，我们发现，它们清晰地组装成了两个独立的染色体，而不是如大多数人所认为的那样组装成一个染色体。当我们对这两个染色体进行比较以及把它们与其他基因组进行比较时，发现彼此是非常不同的。

在霍乱中发现了这种情况后，我们又进一步找到了存在于我们这个世界上的相当多的多倍染色体微生物。这便提出了这样一些问题：这些物种是如何获得这些多倍染色体的？难道这只是因为这个细胞碰巧接管了一个来自被溶解的细胞的额外 DNA，并且因为这个新染色体在到达新环境时增加了一些关键性生存能力而安营扎寨了吗？两个古生菌细胞融合会形成一个新的物种吗？我们暂时无法给出明确的答案，但是对我来说，这些想法确实具有很大的吸引力。大多数人都认为，物种的演化是由于 DNA 序列内的单个碱基变化逐渐积累的结果，这是一个历时数百万年甚至数十亿年才能完成的过程。但是我认为，如果随机变化给我们正在讨论的某个物种提供了生存优势，那么它是能够适应新环境的。在我看来，我们所观察到的发生在演化过程中的一些巨大飞跃，至少部分可以归因于获得了额外染色体这种事件，因为这样一来，就等于立即增加了数以千计的基因和新的特性。我相信这种假设是有道理的。

我们现在已经知道了，在演化进程中，当早期的真核细胞彻底吞噬了一些最初与它们具有共生关系的微生物物种时，一些具有高级功能的真核细胞就出现了。可以证明，最重要的一个例子发生在大约 20 亿年前，那时一个真核细胞获得了一个光合细菌藻类细胞，它最终出现在所有植物的叶绿体内（光合作用就是在那里发生的）。这种过程的第二个最生动的例子被称为"内花生"（endosym biosis），它常见于我们细胞的"动力车间"线粒体内，线粒体与叶绿体一样，携带有它们自己的基因密码，并且来自一个共生的立克次氏体细菌。

很明显，基因组和整个细胞的移植是我们演化过程中必不可少的一个组成部分，因此我有信心我们能够找到一种方法来人工移植基因组。我们选择了支原体来进行最初的移植实验，因为与大多数细菌不一样，支原体没有细胞壁（那是一个牢固的、相当坚硬的外层），只有细胞脂质膜，这样我们就可以很简单地把 DNA 移植进细胞。同时我们也拥有大量的数据集，包括支原体基因组序列和大量的基因敲除数据。我组建了以两位科学家为中心的新的移植团队：一位是约翰·I. 格拉斯，他的大部分职业生涯都在礼来公司研究支原体，当礼来公司停止了抗菌项目时，他加入到我们的研究团队中来；而另一位是一个刚刚参加我们项目的法国博士后卡罗拉·拉蒂格，她也拥有与支原体物种有关的工作经验。这个团队的其他主要成员还包括尼娜·阿尔佩罗维奇和伦伯特·皮珀。

我们最初的想法是，试着把生殖支原体基因组移植入大肠杆菌内，但是，虽然支原体与其他物种一样在 DNA 中也使用同样的四种碱基，但是在生殖支原体中密码子 UGA 是为色氨酸编码的，而在其他物种内，UGA 是为终止密码子编码的，终止密码子会终止 DNA 变成蛋白质的转录过程。它会产生截短蛋白质，这与制造一个活的细胞是自相矛盾的。我们必须使用另一个支原体物种来做移植实验。

基因组移植：从丝状支原体到山羊支原体

由于生殖支原体的基因组非常小，所以我们选择了它进行基因组的测序和分析工作。出于同样的原因，对于 DNA 的合成我们也选择了它，因为我们认为，在制造一个合成基因组的过程中，有限的步骤将使我们有能力使用化学过程繁殖基因组。然而一做出这个决定我们就开始后悔了，这主要出于以下这个重要的现实原因：在实验室里，生殖支原体的生长速度非常缓慢。大肠杆菌每 20 分就能分裂出子细胞，但是生殖支原体复制出一个自己的副本却需要整整 12 小时。虽然这听起来可能并不是什么大不了的事情，但是由于指数增长的关系，这实际上就意味着实验结果到底可以是 24 小时之内就能出来，还是需要好几个星期才能出来，这两者之间无疑存在天壤之别。因此，在最初的基因组移植实验中，我们选择了两种不同的快速增长的支原体物种来做实验，即丝状支原体（mycoplasma mycoides）和山羊支原体（mycoplasma capricolum），这两种支原体是山羊的两个条件致病菌，它们可能是在大约一万年前当动物被驯化时在动物体内扎根下来的。作为家畜的重大的病原体，这些微生物在实验室里是被常规性地培育的。虽然它们没有像大肠杆菌繁殖得那么快，但是丝状支原体能够在60分钟内进行分裂，而山羊支原体则在100分钟内能够进行分裂。

我们的实验是一个基因组实验，因此我们很自然地同时对丝状支原体和山羊支原体都进行了测序，这也是为了搞清楚这两种支原体之间具有何种相关性。结果我们发现，丝状支原体拥有一个具有1 083 241个碱基对的基因组，其中3/4（76.4％）的碱基对在序列上与略微较小的山羊支原体（它由1 010 023个碱基对组成）基因组中的碱基对是相互匹配的。在序列相互对应的那些基因组区域中，它们两者之间的匹配准确率达到91.5％。在丝状支原体基因组中，剩下的1/4（24％）的碱基对无法在其较小的"姐妹"（山羊支原体）的基因组中找到序列上相对应的碱基对。

鉴于DNA序列的相似性，我们推断，每个物种用于解释遗传密码指令的关键蛋白质的生物化学性质应该具有充分的相容性，这样就能读出其他物种的基因组。与此同时，它们又具有足够不同的基因，这样我们很容易就可以将它们区分出来。我们还认为，如果基因组序列差异非常大，那么它们之间是不可能进行重组的。

接下来，该决定哪个基因组被移植、哪个基因组充当宿主了。我们选择了丝状支原体作为基因组的供体，而将山羊支原体作为受体，因为丝状支原体的增长速度更快，且具有较大的基因组，这能够让我们更容易观察到移植成功的迹象。不过，这里还有另外一个影响我们选择的技术原因。卡罗拉·拉蒂格在她之前的实验中曾经研究过一种被称为"起始点复制复合体"（origin of replication complex，ORC）"的特殊 DNA 软件片段，它对细胞分裂过程极为重要。她的研究结果表明，由于它们各自的"起始点复制复合体"的性质不同，承载了丝状支原体的起始点的质粒能够在山羊支原体内生长，反之则不行。

一旦我们选定了供体和受体支原体，我们就有信心能够找到一种很好的实验体系，它将会为我们进行基因组移植提供最佳时机。接下来，我们需要进行很多繁琐的试错实验，这将带领我们进入一个未知的领域。我们必须开发出新方法把一个完整的染色体从一个物种中分离出来，并且在不损坏或不切断 DNA 的情况下把它移植到受体细胞中去。小的 DNA 片段容易操作些，且不容易被损坏，而大的染色体，特别是由数以百万计个碱基对组成的完整染色体则非常"脆"，而且容易被损坏。

我们还必须确定完成实验的整体方法。在我们从丝状支原体细胞把一个新的基因组移植到山羊支原体细胞中去之前，我们需要设法去除或破坏山羊支原体的基因组吗？在真核细胞中，这一过程相当于细胞核移植中一个叫作"去核"的步骤，这一步做起来比较简单，因为仅仅利用一个微量吸液管就能够从受体卵子中吸出细胞核了。但我们不知道，在加入新的 DNA 之前先移除或破坏受体细胞中的基因组是不是很重要的一步；我们也不知道，如果我们最终让两个基因组在同一个细胞中共存，到底会发生什么。

我们想出了各种不同的方法去攻击宿主染色体，包括使用辐射去破坏它的 DNA，理由是更大的 DNA 分子比蛋白质更容易受低剂量辐射的影响。我们还仔细观察了使用限制酶来消化受体细胞基因组内 DNA 的情况。我们还关注过使用任何一种方法之后有可能留下的 DNA 碎片，这些碎片有可能与移植染色体进行重组，使得"启动"一个纯粹合成的基因组成为不可能的事情。经过广泛的讨论，汉密尔顿·史密斯提出了一个简单的想法，我们什么也不用做，因为移植后有可能发生这种情况，当受体细胞分裂为子细胞时，其中只包括移植的染色体。

虽然从表面上看起来，以这种方式取得成功的机会似乎不大，但是我们还是决定进行实验。不过，首先我们还是需要先回答一些关键问题，而且还要开发出一种方法，在不破坏 DNA 的前提下来隔离和操纵染色体。为了保护 DNA，我们选择把染色体隔离在一小块（100 微升）琼脂糖中，它的稠度与明胶类似。我们先把细菌细胞放进液体琼脂糖混合物里，然后倒进模具中，当它冷却成冰时，凝固成了一些微小的插头。当细菌被完全遏制后，我们就可以加入酶来打开细胞的大门，这样细胞内的物质（包括染色体）就会溢出来进入到插头中。为了分离出 DNA，我们用蛋白酶来清洗这些插头以消化掉所有的蛋白质，留下完好无损的 DNA。然后，我们将这些包含有 DNA 的插头放置到分析凝胶的顶部，使用电流把凝胶分开。由于在主链上磷酸基团的缘故，DNA 是带负电的，当把它放置在电场中时，它会朝正电极移动。通过改变电压梯度和凝胶的百分比，并且通过使用不同的染色剂，我们能够确定染色体的大小和蛋白质受污染的程度，而且如果染色体已损坏或破裂，它们就会变成线性分子，因为线性 DNA 比环状 DNA 能够更快地通过凝胶，超螺旋 DNA 则移动得最慢。

在完成了释放基因组和使基因组进入分析凝胶的实验后，我们开始确信，我们已经掌握了一种分离染色体的方法，能够以此来确定它们是不是没有蛋白的（我们需要知道，是否所有蛋白质都需要移植），并且评估它们到底是双链还是环状或超螺旋状的。在原核生物和真核生物中，DNA 是被各种不同的方式紧密缠绕着的，因为这样才能紧凑地容纳在细胞或细胞区室内。例如，人类细胞中的 DNA 是被一种叫作组蛋白的蛋白质所包围着的，而细菌倾向于通过超螺旋的方式完成这项"工作"，顾名思义，它是被一圈套一圈地包裹着的。大多数细菌基因组是"负超螺旋的"，这意味着细菌 DNA 是以与双螺旋相反的方向被扭转的。一些初步的前期实验已经表明，DNA 的实际状态是非常重要的，因为完整的、环状的染色体似乎最适合移植。

卡罗拉·拉蒂格和她的团队尝试了很多方法，并最终选定了一个程序，这个程序虽然复杂，但最终被证明是有效的。我们知道，无蛋白的 DNA 将会成功地被移植到山羊支原体的细胞中。我们还发现，受体细胞的微小变化有助于移植成功。例如，把细胞的 pH 值从 7.4 变为 6.2，就能够极大地改变山羊支原体细胞的外观，通常的卵圆形会变成细长形。这种细长的形状使它们更具渗透性，大概是由于细胞膜变得松弛而实现的。为了帮助新的基因组进入山羊支原体细胞内，我们采用了一种标准方式，使用了一种叫作聚乙二醇（PEG）的化学物质，这种物质不仅能够使细胞膜更具渗透性，而且还能在 DNA 通过细胞膜时受到保护。

我们发现，聚乙二醇的纯度、种类和来源是进行成功移植的一个关键因素。我们发现的这个简单的事实以及对细节的极端追求给我们带来了大量繁琐、重复和非常枯燥沉闷的工作。当你正在开发一种新技术时，没有任何"现成的处方"可供复制，也没有任何教科书可供查阅，当然也不会有记载了一些保证能够成功的小窍门和秘诀的指南手册可供阅读。你最终不得不尝试在每一个条件下使用每一种成分。你永远无法确定，在这么多的因素中，到底哪个因素才是真正非常重要的；它们是以什么方式相互配合以及相互对抗的，等等。要梳理出所有这些变量则需要精心设计实验并多次重复实验。这是难度最大的基本实验过程，如果成功了，就会得到最好的结果。对每一个成功的实验来说，大概都要经过数百次的失败。在这个方面，功劳最大的是卡罗拉·拉蒂格和她的团队，经过无数个日日夜夜的艰苦奋斗后，她们制定出详细的实验步骤。到了这一步，我们的基因组移植终于能够由一个想法变成一个真正的、详细而有效的程序了。

蓝色菌落，移植成功的重要标志

为了提高我们成功的机会，在移植之前，我们添加了两个基因"卡带"到丝状支原体基因组中。一个"卡带"是用来实现抗生素选择的，这样就保证了当我们在培养基中加入抗生素以后，任何存活下来的细胞都必定携带着这种保护性的基因集。另外，为了能够更为清晰地确定基因组移植的成功，我们使用了一种叫作半乳糖苷酶（lacZ）的基因，它是为在一种叫作半乳糖苷（X-gal）的化学物质面前能够把受体细胞变为宝蓝色的蛋白质编码的。现在我们已经能够预测成功结果应该是什么样子了：出现蓝色、耐抗生素的菌落。但是我们还必须确定这种情况确实发生了。因为观察到的蓝色有可能是由于半乳糖苷酶所导致的结果，同时观察到耐抗生素性则是因为抗生素抗性基因被转移到了山羊支原体的基因组中的结果。

不幸的是，这并不仅仅是一个理论上的可能性。我们曾经无数次尝试过把生殖支原体基因组移植到生殖支原体细胞中，虽然我们经常得到蓝色的细胞，但是我们发现它总是由于简单的重组事件而导致的，在这个过程中，半乳糖苷酶和抗性基因的确从几乎完全相同的被移植的生殖支原体基因组中转移到了受体细胞的生殖支原体基因组中。

被移植的基因组与受体细胞的基因组在序列结构上太接近了，因此很容易把两者弄混淆。我们历尽千辛万苦终于明白了一点：在完全确认成功之前，即使看到蓝色的菌落，也千万不要太激动了！

再一次，继丝状支原体的基因组移植到山羊支原体细胞中之后，我们的这个团队在获得新的蓝色细胞上又取得了一些明显的成功。在获得了一个蓝色菌落后，她们完善并重新进行了实验，一周又一周，一月又一月，数字不断在增加，最后我们得到了几十个菌落。现在我们已经学聪明了，我们设计了多个实验来分析基因组移植过程中所产生的蓝色细胞。

我们的第一轮分析使用了聚合酶链式反应（PCR）来扩大我们所知道的仅出现在丝状支原体基因组中的序列，同样，我们还知道一些只出现在山羊支原体中的序列，我们试图从蓝色细胞中放大它。当我们能够从被移植的基因组中探测到放大了的序列、而在受体细胞中一个也探测不到时，我们开始变得兴奋起来。当然，现在仍然存在一种非常微弱的可能性，即我们看到的是基因重组的结果，但是当我们检测了越来越多的序列后，这种可能性已经变得越来越渺茫了。然后，我们对移植细胞进行了额外的凝胶分析，结果发现，只有丝状支原体基因组的片段而没有来自山羊支原体基因组的片段。

虽然这些间接的方法非常鼓舞人心，但是最终的测试是从蓝色菌落中测序 DNA 以揭示出真正的基因组内容的。我们选择了两个蓝色菌落，测序了来自每个菌落的克隆体的 1 300 个基因库，共计检测了超过了 100 万个碱基对的 DNA 序列。当我们发现，所有的序列都只与移植到受体细胞的丝状支原体基因组相匹配时，我们真正兴奋不已了。

随着我们分析的每一个阶段，结果已经变得越来越清晰了，我们得到了只含有移植的丝状支原体基因组细胞，而山羊支原体基因组通过隔离已经被破坏或驱除出子细胞了，随后在生长培养基中被抗生素杀死了。但是我们仍然不能满足于此。这一发现是不是在某些方面可以说是一个人为的结果呢？是否有可能实际上我们是被愚弄了，例如，我们只是转移了一个已经长成的完整的丝状支原体细胞，而不是移植了基因组呢？是否这个蓝色菌落其实什么都不是，只不过是被污染的结果呢？内森·O.卡普兰是第一个教给我如下这句古老的充满智慧箴言的人——非凡的论点需要非凡的证据来支持。

在这种批判性思维的指导下，我们在每一个实验中都加入了控制因素，一步一步把我们带到了如今这个阶段，所以我们能够排除掉任何人为结果的可能性。虽然我们确信我们的 DNA 分离程序会杀死任何及所有丝状支原体细胞，为了保证在每个移植实验中都有两个阴性对照：一个在完成没有受体山羊支原体细胞的情况下的移植实验中使用，另一个在完成有山羊支原体细胞，但是插头中没有丝状支原体 DNA 的实验中使用。在使用这些阴性对照的过程中，没有观察到蓝色菌落，这再次保证了我们所准备的 DNA 并没有被任何丝状支原体细胞污染的可能性。我们被观察到的结果进一步鼓舞了，即来自每一个实验的被移植的菌落数量直接依赖于加入到细胞中的丝状支原体 DNA 的数量。我们加进去的 DNA 越多，所形成的移植菌落的数量也越大。

"不可能完成的任务"：改变物种！

那么，我们现所拥有的东西是什么呢？它是仅包含丝状支原体 DNA 的山羊支原体细胞吗？其中包括被添加进的半乳糖苷酶和耐抗生素的四环素抗性基因 tetM 吗？紧随着基因组移植而来的变化是什么呢？来自移植的 DNA 细胞表型是怎么样的？我们对蓝色细胞进行了一系列复杂的分析，最后弄清楚了出现了哪些蛋白质。使用在每种母细胞中都对蛋白质极其敏感的一些抗体，我们仔细研究了这些新移植的细胞表面所包裹着的那些东西。让我们惊喜的是，用来对抗山羊支原体蛋白质的抗体并没有利用被移植的基因组绑定到新的细胞上，然而原本用来对抗丝状支原体的蛋白质抗体却绑定在了新的细胞上。

在利用这些抗体进行分析研究的同时，我们还做了一个更为全面的分析，在分析过程中，我们利用各种不同的双向电泳技术对所有三种类型细胞的蛋白质（受体山羊支原体细胞、供体丝状支原体细胞，新的移植细胞）进行了检测。你可以认为这种技术是观察细胞内蛋白质含量的一种方法，从细胞中分离出的蛋白质是会分开的，在第一个维度上，根据它们的大小进行分离；在第二个维度上，根据电荷进行分离。这种分析方法让细胞的蛋白质扩散开来，每个蛋白质都呈现出斑点的形状，每个细胞种类呈现的图案都是独一无二的。我们可以很容易地对这些二维图案进行相互比较。经过分析，结果很明显，移植蛋白质图案与来自供体丝状支原体细胞中的蛋白质图案几乎完全相同，而与山羊支原体蛋白图案却有很大差异。

我们对这个结果非常满意，但是还需要做更进一步的研究。我们利用一种叫作基质辅助激光解吸电离（matrix-assisted laser desorption ionization，MALDI）的质谱分析法技术对来自二维凝胶上的 90 个不同斑点的蛋白质片段进行了测序。这个过程如果放到十年前，听起来就像是科幻小说中的故事，实际上被分离出来的蛋白质的微小斑点，能够使用激光把它们从二维凝胶中提取出来，在每个斑点上形成羽状带电分子，然后通过一种被称为质谱分析法的标准方法进行分析。利用这种方法，基质辅助激光解吸电离过程能够揭示出在凝胶点上蛋白片段的氨基酸序列。

这些数据为我们提供的确凿证据表明，只有在被移植的细胞内的蛋白质才是由那些被移植的丝状支原体基因组翻译和转录的结果。现在，我们已经100%绝对相信我们拥有了一个全新移植细胞的遗传特性的机制，它完全不涉及 DNA 重组或自然转化机制。因为山羊支原体基因组中不含有占用 DNA 过程的代码，我们可以得出这样的结论：移植到山羊支原体细胞内的新染色体就是我们聚乙二醇基因组移植过程的结果。我们现在知道，我们拥有了这样一些最初的细胞，它们源自故意把一个物种的基因组移植到另一个物种宿主细胞中的行为。通过这种方式，我们有效地让一个物种改变了另一个物种。

我们的成功所带来的影响是多方面的。最重要的是，我们现在知道，如果我们能够把四瓶化学物质合成一个基因组，那么一个现实的可能性就是，我们能够把这个人工合成的基因组利用起来，把它移植到受体细胞中，并且启动它的指令。其结果是，移植工作将为我们在生物体合成 DNA 方面的努力注入新的活力。我们接下来要做的是，让这一成果发挥作用，创造出一个新的活细胞。

基因组移植的另一个重大影响是，这些移植让我们对生命有了一种全新的、更深层次的理解。我们所进行的这项研究结果融合了我对生命的思考。DNA 是生命的软件，如果我们改变了软件，那么我们就改变了物种，从而也就改变了细胞的硬件。这正是那些非常渴望看到活力论证据的人最担心看到的结果：还原主义性质的科学研究，将会解开生命的奥秘，甚至把一个人生活在世上的意义归结为一些基本的功能和简单的成分。我们的实验并没有为支持活力论的观点或者那些相信生命更多依赖于比化学反应材料还要更复杂的某些东西的人留下多少空间。

这些实验告诉我们的结论已经毋庸置疑了，那就是，生命是一个信息系统。我期待着我们完成下一个目标。我希望把新的信息融入到生命中，在我的计算机上创造出一个数字代码，使用化学合成把这个代码变为一个 DNA 染色体，然后把这个人造信息移植到一个细胞中。我希望，通过创造一个全新的、直接由我们在实验室里创建的 DNA 信息所描述和驱动的生命形式，能够把我们带入到一个生物学的新时代。这将是合成生物学获得成功的最终证据。

07

第一个人造细胞的诞生

若想创造出一个"合成生命"，必须解决两大难题。一个难题是宿主细胞中的限制性内切酶会摧毁被移植的基因组；另一个难题是生命对合成基因组的精度要求非常高。"甲基化"和高精度"桑格测序法"，让两大难题迎刃而解。培养皿中的"蓝色菌落"宣告了第一个人造细胞的诞生！正是因为这一成果，人们称文特尔为"人造生命"之父。

LIFE AT
THE SPEED
OF LIGHT

我们如果要解决以前从未得到解决的难题，那么必须走向未知领域。

——理查德·费曼

许多人认为，人类最重要的创新能力是某种极富远见的天赋，那是一种与牛顿、米开朗基罗、居里夫人和爱因斯坦这样的卓越而非凡的天才人物的名字联系在一起的天赋礼物。对这些伟人给人类带来的难以置信的影响，我从来不曾怀疑过。他们实现了巨大的智识飞跃，他们比以往任何一个人都要看得更加长远，普通人只能看到一些杂乱无章的东西，他们却能从中识别出某种模式。然而还有另外一类创造性，它们也能够推动科学的发展，却不太引人注目，这些不起眼的创新能力同样是重要的。这类创造性就是"解决问题的能力"。在许多情况下，跨越一个障碍去实现一个非常特定的目标，有可能会催生一种日后将被证明有许多其他用途的技术。确实，从一个非常"狭窄"的出发点起步的科学研究可能会被推进到一个非常大胆的新方向上去。

例如，当汉密尔顿·史密斯在细菌流感嗜血杆菌中发现了一种现在被称为限制性内切酶的蛋白质时所发生的事情就是这样。那么事情究竟是怎样的呢？我并不认为他当时就预料到他的发现将有助于奠定基因工程的基础。类似地，当英国遗传学家亚历克·杰弗里斯（Alec Jeffreys）在 X 光片上看到了一个模糊不清的图案时（这张 X 光片是他从研究助手那里拿来准备了解遗传物质用的），他怀疑这混乱的图像可能会为法医 DNA 科学铺平道路，但是我并不认为他当时已经意识到这个技术会逐渐被用于进行常规的亲子鉴定和研究野生动物种群，当然，还有刑事侦查等领域。当长崎原子弹爆炸的幸存者下村修（Osamu Shimomura）在 1961 到 1988 年间收集了大约 100 万个发光水母（维多利亚多管发光水母）以探索生物体发光的秘密时（那是因为一种名为绿色荧光蛋白的蛋白质），他根本没有想到，他将送给全世界一个通用的发光标签，这个标签能够为我们提供有关脑细胞是如何发育的以及癌细胞是如何通过组织进行扩散的生动画面。当我们遇到了一个阻碍了我们合成生命研究工作的难题时（从基因的角度看，研究合成生命就像是搞清楚如何在一台多功能计算机上运行个人软件），我们设计的解决方案也为我们带来了一份非常可观的红利，那就是，我们找到了一种以全新的方式处理大片大片的 DNA 的新方法。

无法绕过的两个难题

到 2007 年，我们已经成功地实施了基因组移植，同时也完成了把实验室化学物质组装成一个包含了 582 970 个碱基对的生殖支原体基因组的艰苦卓绝的工作。我们创造了一个合成细菌染色体，并已经成功地让它在酵母中生长。我们还能够纯化酵母中的染色体，以便它能够通过 DNA 测序得以确认。然而，我们利用酵母细胞的过程只是作为化学合成的基因组片段的最后组装过程的一种工具，这意味着我们有了自己的能够在真核生物（酵母）细胞中生长的原核生物（细菌）的染色体。为了完成我们合成细胞的构建工作，我们还需要把合成的染色体以一种允许它被移植到受体原核细胞中的方式从酵母中分离出来。

在这一点上，我们遇到了一些我们从未预料到的问题。第一个问题是关于合成染色体的构象问题。我们已经能够纯化线性的和环状的合成染色体以进行 DNA 测序，但是我们在基因组移植的具体工作中发现的证据表明，我们还需要完整的染色体，这意味着在 DNA 中不能有任何的切口或刻痕。我们的纯化方法太粗糙了，以至于无法给我们提供完整的 DNA。这就相当于我们虽然创建了一个数字记录，但是这个数字记录却是不能被任何一个数字"玩家"有效读取的。

第二个问题是，当我们努力把我们的基因组移植工作扩展到另一个支原体物种（生殖支原体）上时，我们并没有获得成功。当我们把生殖支原体基因组移植回生殖支原体细胞中时，染色体总是与现有的基因组进行重组。而且，这并不是唯一的问题。正如我们已经非常清楚的那样，虽然生殖支原体拥有最小的基因组，但是它并不是开发新方法的理想有机体，因为它生长速度之缓慢实在令人沮丧。在菌落出现之前每个实验要花长达 6 个星期的时间。尽管如此，我们仍然奋力前行。虽然这些实验都在继续进行，但是由于我们在把丝状支原体基因组移植到山羊支原体细胞中的成功，我们决定使用这些快速增长的物种来解决从酵母细胞中获得完整染色体的问题。我们的第一步是想看看我们能否在酵母中克隆出完整的丝状支原体基因组。这个目标看起来似乎是可以实现的，因为我们已经在一个人造酵母染色体中成功地创造出了一个合成基因组。

我们把这个任务交给了格温·奔德斯，让他来应对这个挑战。他是一名博士后，与克莱德·哈奇森一起工作。在那个时候，通常的做法是，加入酵母着丝粒，让大 DNA 分子能够在酵母中稳定地生长。酵母着丝粒是基因组中的一个特殊区域，在细胞分裂过程中，当染色体形成了它们那种标志性的特有的 X 形状时，酵母着丝粒能够在染色体上的一个叫作主缢痕的皱缩区域上用显微镜识别出来。这个皱缩区域是染色体的联结点，它们扮演了一个关键的角色，能够确保当细胞分裂时每个子细胞都能够继承每一个染色体的副本。因此，一个着丝粒被加入到一个大的 DNA 片段中去后，当细胞分裂时，后者能够与酵母染色体一道被复制和分离。利用这种方法，我们能够培养出环状的染色体。通过在它们当中加入端粒（这是一种在染色体的终端被发现的结构），这个外来的（外生的）DNA 分子能够被培养成线性的形状。

在这些早期工作的基础上，我们开发了三种不同的方法来在酵母中克隆完整的细菌染色体。在第一种方法中，把它放入酵母中培养之前，我们选择把一个人造酵母着丝粒插入到细菌染色体中。在第二种和第三种方法中，我们所有的事情都同时做：引进了具有重叠序列的细菌染色体和酵母着丝粒，这使得它们在酵母中进行重组。令人鼓舞的是，所有三种方法在一系列基因组中都获得了成功，包括丝状支原体基因组、流感嗜血杆菌基因组以及光合藻类基因组。特别有趣的是，把一个细菌染色体转换为一个酵母染色体唯一的要求是，添加一个伴有选择标记的小小的合成酵母着丝粒。现在，我们有了一个方法，可以用它来测试基因移植工作的多种不同方式。一旦我们拥有了能够在酵母细胞中稳定进行克隆的丝状支原体基因组，我们就开发出了一种能够用移植的方法来重新获得完整染色体的程序。

甲基化，合成基因组移植的关键

为了测试源于酵母的丝状支原体，我们像以前一样把它移植到了山羊支原体细胞中。然而，尽管这个实验已经尝试过无数次了，我们研究团队还是无法重新获得任何移植细胞。为此，他们在控制实验中使用了从野生型丝状支原体细胞中分离出来的丝状支原体基因组，这种基因组移植实验与先前所做的实验一样总是奏效。当他们在进行实验的时候，我自己则在另外的地方等待结果，最后，汉密尔顿·史密斯来见我，带来了一个毁灭性的"判决"，他告诉我："要在酵母中完成基因组移植根本无法做到。"那个允许我们操纵的长长的细菌DNA片段的酵母似乎就是问题的源头。

史密斯和我在更早的时候就曾经讨论过，到底用什么东西才能够把在丝状支原体细胞生长的丝状支原体基因组与在酵母细胞生长的相同的基因组区分开来，因此当在罗克维尔的团队和在拉霍亚的团队之间进行视频会议时，我们迅速把注意力集中到了那些最明显的区别上。在丝状支原体细胞中，DNA是进行过专门的甲基化处理的（即用一种称为甲基原子团的分子标记进行了"装饰"），所用的这些源自甲醇的基团每一个都由一个碳原子和三个氢原子组成（CH_3）。细菌细胞利用DNA甲基化来保护DNA不被它自己的限制性内切酶所切断，这是通过把甲基原子团添加到DNA碱基中完成的，这能够被限制性内切酶识别出来。然而酵母不具有相同的限制性内切酶和DNA甲基化系统，由于密码子的差异，细菌甲基化酶不太可能在酵母中被表达出来。我们推断，如果在酵母中丝状支原体基因组的确是未甲基化的，那么当我们把它移植入山羊支原体中时，宿主细胞中的限制性内切酶将立即摧毁被移植的基因组。

那么，在酵母中 DNA 甲基化的缺乏是移植失败的原因吗？我们开始尝试着用两种方法来验证这个想法。在第一种方法中，当它从酵母细胞中被分离出来后，我们克隆了六个丝状支原体 DNA 甲基化基因以产生酶来甲基化丝状支原体基因组。这种方法获得了成功，由于从酵母细胞中分离出来的基因组进行了甲基化，基因移植最终成功了。如果我们利用丝状支原体细胞提取物或者克隆和纯化 DNA 甲基化酶去使丝状支原体基因组甲基化，那么我们移植基因组到山羊支原体细胞中也可能同样会获得成功。正如最终的结果所证明的那样，关键的因素是 DNA 甲基化，我们把限制酶基因移除出了受体山羊支原体基因组，我们推断，如果受体细胞中没有限制性内切酶，那么我们应该能够直接从酵母细胞中移植裸丝状支原体 DNA，而不需要进行保护性的甲基化。事实的确如此，终于，我们似乎拥有了移植合成染色体必需的所有组件。

上文中这些简短的叙述，并不能反映以下这个事实：实际上为了解决甲基化问题，我们经历了两年多艰苦卓绝的工作，但是在这个过程中，我们已经开发出了非常强大的一套新工具，它能够让我们以前所未有的方式来操纵细菌染色体。大多数类型的细菌细胞都不具有在酵母和大肠杆菌中被发现的遗传体系（诸如同源重组）。因此，在大多数细菌基因组中制造大量的遗传变化，即使不是不可能的，那也是非常困难的。这也是大多数科学家都利用大肠杆菌来进行工作的原因之一：他们之所以这样做只是因为他们只能这样做。

然而现在，通过把真核生物（酵母）的着丝粒添加到原核生物（细菌）的基因组中，我们就能够在酵母中培养出细菌基因组了，而且在那里它的"行为表现"就像一个酵母染色体。这为使用酵母的同源重组系统来使基因组发生大量的和快速的变化铺平了道路。然后我们就能够把修改后的细菌基因组分离出来，如果有必要，可以对它进行甲基化，并且把它移植到一个受体细胞中来创造一个新细胞。这标志着基因操作上的一大进步。在这一发现之前，科学家们在很大程度上被限制在只能对个别基因的修修补补上。现在，我们可以经常性地操纵一组基因组，甚至整个基因组了。我们的这一研究结果发表在了 2009 年 9 月的《科学》杂志上。

现在我们已经开发了一系列新方法来合成 DNA，它们的规模比以前大了 20 多倍；我们也已经找到了有效的方法来把基因组从一个物种移植到另一个物种中以创造出一个新的物种；我们已经解决了限制性内切酶破坏移植 DNA 的 DNA 修改问题。接下来，我们和许多跟进我们研究进展的科学家可以着手搞清楚以下这个问题了：在合成基因组的基础上，我们是否最终能够成功地创造出一个细胞。既然现在我们已经证明，我们能够成功地把从酵母中培养出来的 DNA 移植到支原体上，那么很自然地，我们要做的下一步是把酵母中的合成 DNA 移植到支原体中去。我们打算综合运用所有这些新方法来创造历史。但是我们所使用的支原体是正确的吗？

由于我们在利用酵母来操纵巨大的 DNA 片段方面已经取得了很大进步，因此我们的团队仍然顽强地继续试图移植合成生殖支原体的基因组，但结果不是很成功。尽管看来似乎我们可以通过移植原生基因组把较大的肺炎支原体转变为生殖支原体，但是在利用合成基因组时，我们无法获得相同的结果。最后我们发现，受体肺炎支原体的细胞表面含有一个核酸酶，它能吞噬消化掉了任何一个暴露在外的 DNA。

但是，我们仍然继续为生殖支原体细胞极端缓慢的增长速度所困扰，这极大地限制了我们所能完成的实验数量。对我们所有人来说，尤其是我，要得到结果必须等待数周不仅仅是令人沮丧的，而且还是非常痛苦的，我们必须改变这种情况。虽然我们在 DNA 甲基化和移植方面取得了一些进步，但是我们还必须想出了一个更快的方式来创造合成 DNA，技术上的创举会为我们追求移植合成细菌 DNA 提供新的机遇。正如我在本书前面的章节中已经描述过的那样，我们 DNA 合成的最初阶段，需要分好几个步骤完成，例如，首先要把短的寡核苷酸组装成更大的结构。而丹·吉布森极大地简化了这种方法，以至于我们要完成这个过程只需要一个步骤就够了。

丹·吉布森所使用的 DNA 组装反应新方法与我们早期工作时所用的方法非常类似。不同之处在于，他得到了一个重要发现，从而使我们可以把所有的 DNA 都放入一个试管中并在一个单一的温度下进行合成。丹·吉布森意识到，能切断 DNA 一条链的核酸外切酶不会与我们用来填补缺失 DNA 碱基的 DNA 聚合酶相竞争。另外，在 50℃的温度下，当所有的酶都聚合在单个反应中时，核酸外切酶在这个温度下会迅速失活，因此它只能消化掉刚好足够的碱基，从而允许 DNA 片段彼此"退火"。

与我们先前的方法相比，这项工作代表一个极大的进步，我们先前的方法不仅繁琐，而且是劳动力密集型的。我们把这种新方法称为"吉布森组装法"，它的威力就在于它十分简单。在此之前，我们一直不愿意去认真考虑这种可能性：重复我们当初从一万个 DNA 片段中创造出第一个合成染色体生殖支原体 JCVI$_{1.0}$时的做法，因为那是一种马拉松式的无比艰辛的工作，更不要说去尝试其他任何更大的东西了。一开始，我们就认为基因合成的化学过程是我们所要解决的最棘手的问题；但是现在，合成技术的开发给了我信心，我们决定对这个项目在方向上进行重大调整。

为此，我与史密斯进行了讨论，我说，我们在前面的工作中选择了错误的方法。原因很简单，我们利用生长如此缓慢的生殖支原体很可能永远也不能取得成功，现在我们更像垂死挣扎。我告诉史密斯："我希望我们能够停止目前所做的一切工作，利用新技术来合成丝状支原体基因组。"当然，这是一个艰巨的任务，因为丝状支原体基因组是生殖支原体基因组的两倍大。但在那个时候，我们已经知道如何从酵母中移植丝状支原体基因组了，我们也知道如何在山羊支原体细胞中制造出丝状支原体细胞了；而且，有了"吉布森组装法"，至少从理论上看，我们应该已经有能力相对较快地构造出一个拥有110万个碱基对的基因组了。

提出这个新方案之后，一开始我遇到了来自研究团队的强大阻力，现在回想起来，当时大家有这种抵触情绪其实并不令人感到特别惊讶，因为这种激进的新方法不仅要另起炉灶，而且还瞄准了一个更加雄心勃勃的目标。不出所料，丹·吉布森同意我改变计划，而史密斯和研究团队的其他成员则希望沿用原来的思路，他们认为，老方案已经驾轻就熟了，而且需要解决的问题也已经很明显了，因此不如继续使用生长缓慢的生殖支原体细胞，同时着眼于寻找新的思路来解决这些问题。然而，经过几轮讨论，当每个人都对我的想法进行了足够长时间的深思熟虑后，他们思想开始发生改变了。史密斯跑过来见我，同意我们改变方向；我们立即打电话给丹·吉布森，告诉他着手开始合成丝状支原体基因组。

我们的团队成员最初反对这种新方案的其中一个原因是，我们还没有一个丝状支原体基因组的精确基因组序列。但是这其实不是问题，当我们很快完成了两个菌株（隔离群）的测序后，就开始设计和合成基因组了。我们从这两个丝状支原体隔离群中分离出来两个基因组序列，彼此之间在 95 个序列点上存在差别。因为如今酵母在组装合成基因组中发挥了重要作用，所以我们选择的是这样一个隔离群的基因组序列：我们曾经成功地在酵母中将这种基因组序列克隆出来，并且移植到了受体细胞中。

我们首先设计了 1 078 个"卡带"，其中每一个卡带都有 1 080 个碱基对，而且在其相邻部分有 80 个碱基对是重叠的。为了使我们能够从它们生长的载体中切出要组装的序列，我们给"卡带"添加了 8 个碱基对的序列，作为切位点让限制性内切酶"诺蒂"据以识别。我们还添加了 4 个水印以帮助我们把合成基因组与发生在物种内的天然基因组区分开来。水印被添加在从 1 081~1 246 个碱基对的范围内，它包含一个独特的代码，旨在让我们用英语来写数字和单词。我们小心翼翼地把水印序列插入到基因组区域内，我们已经用实验表明，这并不会影响细胞的生存能力。在完成了设计阶段的工作后，我们向蓝鹭生物技术公司（Blue Heron）订购了 1 078 个"卡带"，蓝鹭生物技术公司是一个比较早就创立的 DNA 合成公司，总部设在华盛顿州的巴塞尔。这个公司用化学合成的寡核苷酸"组装"好了这些含有 1 080 个碱基对的片段，并对它们进行了测序以确保它们符合我们所要求的规格，然后把它们运给了我们。

现在我们可以开始认真地构建合成生物体了。我们使用了一种分层构造法，它可以分为三个阶段。首先，我们采用"吉布森组装法"，利用这些包含有 1 080 个碱基对的"卡带"构造出了 111 个更长的"卡带"，每个"卡带"都有大约 1 万个碱基对。与以往一样，准确性是至关重要的，所以我们测序所有这 111 个"卡带"，在其中 19 个"卡带"中发现了错误。我们纠正了这些序列错误，然后对这些 1 万个碱基对的克隆体进行了重新组装和重新排序，以确定它们是否正确。

在基因组组装的第二轮中，我们对这些 1 万个碱基对的"卡带"以重叠方式进行组装，形成了一些拥有 10 万个碱基对的"卡带"（我们同样也对它们进行了测序以检验准确性）。最后，我们在酵母中把这 11 个包含有 10 万个碱基对的"卡带"组合到一起，得到了包含有 110 万个碱基对的丝状支原体基因组的序列。当然，我们又一次不得不去验证我们的组装是否有效，并用聚合酶链式反应和限制性内切酶消化作用来确认我们是否得到了正确的基因组结构。

生死之间：一个碱基对的对错

最后，我们准备尝试着通过把完整的合成丝状支原体基因组从酵母中移植到受体山羊支原体细胞中以创造第一个合成细胞。和以前一样，成功的标志是蓝色细胞。我们做第一次移植实验是在一个星期五，整个周末我们都是在焦虑中度过的，我们很想知道，到下个星期一早晨是否会有蓝色的克隆体出现。但是，星期一来了又去了，我们想要的积极结果却没有出现。在接下来的两个星期五，我们都重复了移植实验，但是再一次，没有蓝色的克隆体，而只有"蓝色"的阴郁星期一 [①]。

现在回想起来，很显然当时我们已经非常接近成功了，只是在当时我们自己没有意识到而已。在考虑了所有控制因素后，我们确信，在基因组合成

---

① Blue在英文中也有"阴郁"的意思。——译者注

期间，我们在检验准确性时肯定有什么设计上的或程序上的错误被我们忽略了。因为我们已经对 DNA 进行了测序，因此我们猜想，错误必定发生在用于基因组设计的其中一个最初序列里。为了检查我们的代码，我们必须开发出一个生物学上的代码调试工具，它类似于计算机应用程序开发者眼中的调试软件。我们现在所使用的任何一台现代计算机都有一个非常庞大的操作系统，它运行着数千万行代码，几十年来，计算机行业的工程师们已经开发出了许多非常有效的智能调试程序来帮助寻找代码错误。

弗拉基米尔·N. 诺斯科夫是马里兰州 J. 克雷格·文特尔研究所合成生物学与生物能源组的一名科研人员，他也是我们的常驻酵母大师。诺斯科夫毕业于俄罗斯圣彼得堡国家大学，然后继续在那儿获得了酵母遗传学博士学位。他在日本留学 5 年，研究染色体 DNA 的复制和酵母细胞周期内的"检查点"，DNA 的监测和修复工作就是在"检查点"内执行的；后来，他还曾经在贝塞斯达的美国国家卫生研究院工作过。在我们这个研究项目中，诺斯科夫加入了染色体结构和功能研究小组，在那里，他为在酵母中操纵大块的 DNA 技术开发出了多个非常有用的应用程序，这种技术被称为"转化介导重组"（transformation - associated recombination，TAR）克隆技术，它比那些依赖于一种叫作酵母人工染色体的传统方法更有优势。

在运行我们的"生物学调试程序"时，我们决定从验证这 11 个含有 10 万碱基对的片段开始。诺斯科夫利用转化介导重组克隆技术，从原生丝状支原体基因组中构建了同等大小的片段，因此每个片段我们都能够独立地用合成片段来代替，这样就可以搞清楚它们是否能够支持生命。从这些复杂的实验当中，我们发现，在这 11 个 10 万个碱基对的合成片段当中，除了一个之外，其他的都是与生命相容的。为了取得最后的证据，丹·吉布森构造了一个由

10 个合成片段和一个原生片段混合而成的混合基因组，并且成功地进行了移植。

在确定了哪个片段包含有不支持生命的错误后，我们再一次进行了 DNA 测序，这一次我们采用的是高精确性的桑格测序法，结果我们发现，这个错误的片段少了一个碱基对。从表面上看，这个错误似乎就像是把 "mistake"（错误）写成了 "mistke" 这么简单，但是，把核苷酸基字母代号等同于通常的单个字母这种做法是误导人的，这是因为，就一次读取三个核苷酸基的 DNA 代码而言，每一个三联体或者密码子，都对应于蛋白质中的一个氨基酸。这就意味着，只要出现了单个碱基的缺失，就能够有效地转换跟在它后面的基因句子中的其余部分，从而也就改变了基因句子中的氨基酸序列。这就是所谓的 "移码突变"（frameshift mutation）；在我们这个例子中，移码发生在必需的基因脱氧核糖核酸 A 上，这导致在复制起始点上 DNA 的解旋，因此在复制开始时，它允许制造出新的基因组。单个碱基的缺失阻止了细胞分裂，从而使生命的创造变成了不可能的任务。现在，我们既然已经找到了这个严重的错误，我们就能够正确地重组这 10 万个碱基对的片段，并能够利用酵母去重组整个基因组了。我们现在已经准备好再次尝试做基因组移植实验了。

奇迹出现：第一个有生命的合成细胞

和以前一样，这个重要的实验仍然放在星期五开始，这样在下个星期一到来之前，任何一个移植成功的克隆体都有足够的时间成长起来，并且以蓝色圆点的形式呈现出来。丹·吉布森给我们大家发了封电子邮件来报告最新实验的情况，邮件内容如下：

> 文特尔、史密斯、哈奇森和约翰，完全合成的基因组（有四个水印，
> 而且无 dnaA 突变）的移植工作今天已经完成了。这个基因组看起来非常
> 不错。我们对 11 个接合点的每一个以及四个水印序列都通过多重聚合酶
> 链式反应进行了分析。我们还利用限制性消化作用和电场倒转凝胶电泳
> （FIGE）对它进行了检查。与此同时，两个包含有 10/11 半合成基因组的
> 酵母克隆体也正在被移植。我们对这些基因组也进行了上面的分析，看起
> 来也非常不错。我会在下星期一早晨再发一封电子邮件给你们，但是请记
> 住，克隆体通常会出现在比较晚一些的时间，因此在下星期二之前我们无
> 法得到确切的答案。

那天下午，丹·吉布森把一个小小的瓶子递给了他的同事马力（Li Ma），马力正坐在一个生物安全罩前面，这是我们在无菌条件下做实验时所使用的一种密封的、带有高效空气过滤器的工作空间。瓶子里装有一个小小的琼脂糖插头，在这个琼脂糖插头中嵌入了几百万个可用显微镜观察到的环状 DNA 染色体，每个染色体都与我们的 1 078 809 个碱基对的合成基因组相一致。这就是为丝状支原体的 886 个基因以及我们的水印进行编码的合成 DNA。马力加入了几滴酶，溶解了凝胶，只留下合成基因组，然后把它加入到含有受体山羊支原体细胞的第一个小小的瓶子里，接着利用聚乙二醇让细胞膜变得可透过 DNA。接下来，他又把细胞散播于一个装有红色琼脂的培养皿中，这是一种用糖和氨基酸来培养新细胞的方法。琼脂中还夹杂有四环素以杀死任何没有接受合成基因组的受体细胞，以及把含有移植基因组的新细胞变为宝蓝色的 X 射线。当天傍晚，马力把培养皿放进了保温箱中以使细胞一直处于37℃的恒定温度之下。如果有任何新的细胞产生，那它们就需要几天的时间来进行足够多次的分裂以产生 100 万个子细胞，到那个时候，仅凭肉眼便可看见这个小菌落了。

整个周末我都非常焦虑。让我们看到我们的基因组修改是否成功的那个时刻似乎是那么遥不可及。最后，在星期一的清晨，丹·吉布森满怀希望地打开了保温箱的门，开始一个接一个地移出培养皿。为了把希望留到最后，他从控制培养皿开始打开（这些培养皿可以证明马力遵循了正确的程序），它把每一个培养皿都举到灯光下看看是否有肉眼可见的菌落。接着，他开始看那些含有合成 DNA 的培养皿。在那里，就在其中一个培养皿的偏离中心的一点点的地方，出现了一个散发着幽幽蓝光的细胞菌落，而且只有那一个。

丹·吉布森停了下来，感受那意义非凡的一刻。在盯着培养皿看了几分钟后，他把所有的培养皿全都放回了保温箱，然后在凌晨 4 点钟的时候给我发了一个简短的信息。信息内容如下："我们有了一个蓝色的移植细胞。"我们走过了如此漫长的道路，遭遇了无数次的失败，经过了那么多年的不断试错，反复解决问题努力创新，在这一刻，我们所有的努力终于得到了回报。

当罗克维尔的实验出结果的时候，我正待在位于弗吉尼亚州亚历山大港的联排别墅里，因此我与丹·吉布森处于同一时区。紧接着我们进行了一系列的交流。丹·吉布森又给我们发了一封电子邮件："到目前为止，已经有了由完全合成的基因组移植而引起的一个或两个蓝色菌落了！现在还太早，我们还无法得到有关移植数量的准确计数，但是我相信这个数字会比较高。我们将在今天晚些时候再看看，到明天再做一个最终统计。"我们需要验证的是，这个蓝色菌落是否只包含了合成的 DNA。我告诉他，我会在上午 10 点去研究所，然后我又问他，第一次验证的结果需要多长时间才能得到。

我带上了摄像机，当我走在通往罗克维尔的乔治·华盛顿纪念公园路时，还顺手买了几瓶香槟。我一到达那儿就直接去了移植室，在那里我遇到了丹·吉布森，丹·吉布森喜不自胜，已经被团队的其他成员团团围住了。非常兴奋地与大家握过手后，丹·吉布森把我带到了保温箱前，从中掏出了培养皿给我看了第一个蓝色菌落。我们拍了一些照片，然后把这个有可能孕育出含有一个完整的合成基因组的第一个生命形式的培养皿小心翼翼地放回了保温箱中去。

当天晚些时候，我们第一次确认了培养皿中的合成基因组的信息："恭喜你！这是正式结果！你已经成了第一个合成丝状支原体细胞的父亲！为你自己自豪吧！"我把在罗克维尔的所有团队成员都召集在了一起，并且与在拉霍亚的合成基因组团队的其他成员进行了视频通话。我相信拉霍亚团队应该也有足够多的冰镇香槟来进行庆贺。尽管最终结果的确认还需要再等待几天的时间，但是我们大家还是兴高采烈地举杯庆祝了这个显著的成功。

丹·吉布森在星期二上午的 7∶45 给了我们发了第一个确认信息："好消息！在单一合成基因的移植中，所有 4 个水印序列在多重聚合酶链式反应中都显示了出来。水印没有显示在野生的细胞和山羊支原体没有菌落的阴性对照中。"4 月 1 日，即星期四，丹·吉布森又通过电子邮件给我们发来了第二轮实验的结果："完整的合成基因组再次被移植成功了。这一次，它产生了大量的菌落！另外，第二个合成基因组克隆体也产生了大量的菌落。我现在要把'生日快乐'气球移到移植室中去了。"

就在第二天，我们得到了更进一步的确认信息，这是唯一一个控制了新细胞的合成基因组："特大好消息！当用 AscI 和 BssHII 去消化时，合成移植产生了预期的限制性片段。"被这些限制性内切酶切断的位点已被添加到了 4 个水印序列的 3 个中。4 月 21 日，我们已经得到了活的合成细胞的 DNA 测序结果，此时已经没有任何值得怀疑的地方了：这个细胞已经完全被我们设计和合成的基因组所控制了。它的序列显示，在我们的基因组中有 1 077 947 个碱基对，正如我所预期的一样，包括预料中的与原生基因组的 19 个差异以及 4 个水印序列，这是证明这个 DNA 是合成的一个关键部分。正如我们曾经猜测过的那样，在 DNA 的 100 多万个碱基对中，仅仅缺失了一个字母就造成了有生命和无生命的天壤之别。我想再也没有什么东西能比这更能戏剧性地说明信息在生命中所扮演的核心角色了。

我们曾经投入了大量的精力来设计水印以确保我们能安全地为 DNA 序列中的复杂信息进行编码。在第一个合成基因组中，我们使用了三联体密码子编码氨基酸的单字母缩写来代表英文字母表中的字母。例如，氨基酸蛋氨酸指定遗传密码的三联体是 ATG，我们用字母 M 作为它的缩写。但是由于氨基酸代码的范围更大，如果仅用字母表中的 26 个字母是不够表示的。所以我们设计了一个更完整的系统，它能够让我们对整个英文字母表与标点、数字和符号一起进行编码。（ ABCDEFGHIJKLMNOPQRSTUVWXYZ [NEWLINE] [SPACE] 0123456789 # @)（ - + \ = / : <;> $ & } {*]%！ '。，分别代表了 TAG, AGT, TTT, ATT, TAA , GGC, TAC, TCA, CTG, GTT, GCA, AAC, CAA, TGC, CGT, ACA, TTA, CTA, GCT, TGA, TCC, TTG, GTC, GGT, CAT, TGG, GGG, ATA, TCT, CTT , ACT, AAT, AGA, GCG, GCC, TAT, CGC, GTA, TTC, TCG, CCG, GAC, CCC, CCT, CTC, CCA, CAC, CAG, CGG, TGT, AGC, ATC, ACC, AAG, AAA , ATG, AGG, GGA, ACG, GAT, GAG, GAA, CGA, GTG ）。这些密码是水印解码的关键。第一个水印包括有 "J. 克雷格·文特尔研究所" 和 "合成基因组公司"，几位科学家的名字以及信息 "通过给我们发电子邮件的方式（邮箱地址：MROQSTIZ@JCVI.org）向我们证明你已经解码了这个水印"。因为第一个活的能进行自我复制的物种是把一台计算机当作它的父母的，所以它必须要有自己的电子邮件地址。

我们在第一个合成基因组中没有加入任何有明显意义的信息，这是因为受到了可以使用的氨基酸代码的限制，现在，随着新代码的产生，我决定引用一些来源于文学作品的贴切语句或段落来标记这个历史性的时刻。我找到了三条，我觉得它们都非常有意义，而且也与第一个合成生命形式密切相关。第一段引语可以在第二个水印中找到："去生活，去犯错，去跌入低谷，去取得胜利，去在生命中创造出生命。"当然，这句话来自詹姆斯·乔伊斯（James Joyce）的小说《一个青年艺术家的画像》（*A Portrait of the Artist as a Young Man*）。第三个水印包括了几位科学家的名字，还有这样一句名言："我们看事物，不在它们本身是什么，而在于它们可能是什么。"这句话被认为是"曼哈顿计划"的物理学家 J. 罗伯特·奥本海默（J. Robert Oppenheimer）早年的一位老师说的，引自于奥本海默的传记《美国的普罗米修斯》（*American Prometheus*）。第四个水印中则包含了另外 46 位科学家的名字和诺贝尔奖得主、量子物理学家理查德·费曼（Richard Feynman）所说的一句话："我无法创造的事物，我就无法理解。"

我们如今完成的这件事情，如果放到 15 年之前去看，可能会被认为是一个荒诞不经的梦。不过，从另一个角度来看，我们只是兜了一圈，又回到了原点。从细胞中的 DNA 开始，我们学会了如何准确地读取 DNA 序列。我们通过将四个字母的化学模拟代码（A，T，C，G）转换为计算机的数字代码（1 和 0）成功地"数字化"了生物学。现在我们已经成功地走向了另一个方向，从计算机中的数字代码开始重新创造 DNA 分子的化学信息，然后反过来，当然与以前任何东西都不同，又创造了没有任何自然历史的活的细胞。

我们的基本假设是（至少大部分分子生物学家都是这么认为的），在计算机中通过字母序列所表示 DNA 和基因组就是生命的信息系统。现在，我们已经从计算机中的数字信息开始，实现了这个回路的闭合，并且通过只使用这个信息，化学合成和组装了一个完整的细菌基因组，这个基因组还被移植到了受体细胞中，结果产生了仅由合成的基因组控制的一个新细胞。我们把这个新细胞命名为丝状支原体 JCVIsyn$_{-1.0}$。然后，我们开始撰写文章，准备公开发表我们的研究成果。

在 2010 年 4 月 9 日那一天，我与 24 位联合作者把我们的论文手稿投给了《科学》杂志。在论文被接受之前，也即我们投稿的一个月之后（5 月 13日），我们向几位白宫官员、国会议员和来自几个政府机构的一些官员做了一个简短的报告。

我们这篇论文被《科学》杂志在线发表的时间是 2010 年 5 月 20 日（正式发表的时间则为当年 7 月 2 日），世界各地的媒体都聚集到了华盛顿来参加我们的新闻发布会。《科学》杂志的编辑们与我们一起向世人宣布了第一个功能性合成基因组的诞生。史密斯向媒体解释说，我们现在已经拥有了分析细胞指令以确定它真实工作方式的方法。我们还谈到了我们更大的愿景，那就是，毫无疑问，我们在完成这项研究工作过程中所获得的知识，终有一天必定会通过开发许多重要的应用技术和产品给社会带来积极的结果，这些应用技术和产品包括生物燃料、药物、饮用水和食品，等等。当我们宣布这个消息时，我们实际上已经开始着手研究如何生产疫苗以及创造能够把二氧化碳转化为燃料的合成藻类了。

LIFE AT THE SPEED OF LIGHT

第三部分
生命的未来

From the Double Helix to the Dawn
of Digital Life

08

"合成生命"究竟意味着什么?

关于什么是"合成生命",什么是"合成细胞",文特尔给出了他的定义:这些细胞是完全由人工合成的DNA染色体所控制的。由于合成基因组既需要使用一个已存在的基因组,还需要使用一个自然受体细胞,因此,"合成生命"不能算是"从头到尾"的真正合成。创造一个"通用受体细胞",成为摆在科学家面前的一个新课题。

LIFE AT THE SPEED OF LIGHT

生命的第一个支柱是一个程序。我在这里所说的"程序"是指一个有系统性的计划，它描述了生命系统在时间长河延续下去的过程中，生命的不同成分本身和各个成分之间相互作用的动力学机制。

—— 小丹尼尔·E.科什兰

在科学研究中，定义是十分重要的。但是同样重要的是，在许多情况下，我们也不能过于迷恋定义，尤其是当你承担风险、进入一个全新的领域时，因为它们可能会成为一种干扰因素，阻碍你的所思所想，干扰你采取行动。定义可能会成为一个陷阱，正如在 20 世纪的前半个世纪里，科学家们确信蛋白质就是遗传物质一样。关于试图对任何东西进行总结精确定义的风险，理查德·费曼曾经发出过一个著名的警告："我们可能会陷入一种经常会出现在某些哲学家处于的'思想瘫痪'状态中……一位哲学家对另一位哲学家说：'你根本不知道你在说些什么！'另一位哲学家则会这样反驳道：'你所说的［说］到底是什么意思？你所说的［你］又是什么意思？你所说的［知道］又是什么意思？'"

什么叫"合成生命"

当我们在《科学》杂志上发表论文，公开了第一个合成有机体的相关细节时，我们给已经完成的东西和我们是怎样完成它的过程下了一个明确的定义。我们以一种合理的特定方式为"合成生命"和"合成细胞"两个术语下了一个定义——这些细胞是完全由人工合成的 DNA 染色体所控制的。合成基因组是这种生命的软件，它指定了细胞中的每一个蛋白质机器人，从而也就确定了它们在细胞中的功能。然而我们发现，从公众对我们发布的消息和对我们发表的科学论文的反应来看，很显然，一些人很难接受"生命是一个信息系统"这个概念。

我们的成果公开发表后，世界各地狂轰乱炸般的新闻报道进一步证明了这种怀疑主义态度。大多数报道都是正面的，而且或者可以说是太过于"正面"了。一位教授曾经在评论中宣称，"文特尔吱呀一声打开了人类历史上意义最深远的一扇大门"，并且还补充说，"文特尔充当了一个接近于上帝的角色"。另一些报道表现得更为冷静和合乎情理。英国广播公司宣称，这是一个"突破"——这个词汇是一个非常常用的词汇，《时代周刊》把这项成果列入 2010 年顶尖的医学进步当中。《纽约时报》引用了一些研究人员的话，他们认为，即使我们这个不算是一个真正意义上的突破的话，我们也已经完成了一项科技壮举。菲利普·F. 舍伟（Phillip F.Schewe）是美国新泽西州普林斯顿高等研究院中颇具影响力的物理学家弗里曼·戴森（Freeman Dyson）的传记作家，舍伟为戴森写了《怪才》（*Maverick Genius*）这本传记。根据舍伟的说法，生物学界对我们的研究成果的反应总体上可以用一句话来概括——"这是了不起的"。至于戴森这名物理学家本人，他也对我们的研究做出过评价，据说，戴森认为，我的实验方法是笨拙的，但是这些实验是"非常重要的，因为这朝着建立新的生命形式迈出了一大步"。紧接着，不可避免地出现了来自一些极端的环保主义者的抗议，以及一些惯于哗众取宠的英国小报的下意识般的过分炒作。有一个人曾经满腔怨怼地质问我："你们的细胞难道不会消灭人类吗？"

所有最严肃的批评都集中在了这个问题上：创造出一个由 DNA 软件所控制的细胞的真正意义何在？我们真的能把它算作是一个合成生命吗？有人正确地指出，我们的合成基因组基本上是完全建立在一个现有的基因组基础上的，因而还不能算作是真正的合成，因为它有一个天然祖先——丝状支原体。但是正如舍伟所指出的那样，也有一些生物学家非常肯定地说，我们根本没有创造出一个合成生命，因为我们使用的是一个自然受体细胞，他们认为"合成"这个术语应该专门用来指那些"从头到脚"都是新创造出来的活体。事实上，奥巴马总统的生物伦理委员会也认可这种对我们工作的评价，该委员会的官方说法是这样的：我们的工作"尽管从许多方面来看都是非凡的"，但是从工作原理上来看，并不能算是创造生命，因为我们使用的是一个现有的自然宿主，一个已经活着的细胞。还有许多类似于这种观点的较为温和的说法，企图贬低我们已经取得的成就。一份在其他方面都是非常积极和极有助益的梵蒂冈报纸《罗马观察报》得出结论说，我们的研究团队并没有创造出生命，只是"改变了其中一个生命的动力"。

这些来自各界的各不相同的观点告诉了我们许多东西。关于那个颇让人感到困扰的单词"生命"的实际含义，目前还没有一个大家一致公认的定义，更遑论"合成生命""人造生命"或者"全新的生命"等术语了。当然根据传统的做法，谁创造了它们，就应该由谁来给出定义。在 20 世纪 90 年代的科学界，"人造生命"这个术语含有完全不同的含义，它主要被用于指在计算机内部完成的复制。我们能够在托马斯·S. 雷写于 1996 年的那篇论述"在数字化介质内自由发展，就像通过自然选择以碳作为媒介所产生的地球生命的演化一样"的系统论著中找到这种例证。关于这类研究工作的一个主要目标，他解释说，"就是激发数字演化以在数字媒体内产生复杂的事物，其复杂性程度能与有机生命相比"。

在一个"湿漉漉"的生物体内合成染色体的工作与在"硬邦邦"的硅晶体内模拟人造生命两者之间无疑存在着天壤之别。"人造生命"这个术语在传统意义上通常用来描述在数字世界中所出现的东西，然而"合成生命"这个术语虽然源自数字世界，但是无疑也包括生物世界中的生命。即便如此，活体内的生命与硅晶体内的生命都可以统一定义为"由信息驱动的系统"，我们的合成细胞工作事实上提供了两者之间的第一个直接联系。

我们现在已经知道，正确的 DNA 代码，如果呈现为正确的顺序，并放置在正确的化学环境中，那么就能够从现有的生命中产生新的生命。细胞的演化经过了 35 亿年的时间，随着我们合成细胞的诞生，如今我们无须再重复这个漫长的过程了：因为我们已经修改了基因组，我们创造出来的这个细胞在自然界中是找不到它的直接祖先的。随着我们合成代码的出现，我们为生命的河流添加了一条新的分支。

而且，现在我们已经知道了如何重新编写代码，在计算机的帮助下，它让我们有可能去设计几乎所有类型的生物，因为我们已经发现了有关生命机制的更多细节。紧随我们在实验室里完成的这项工作而来的是，我们要将这个基于一个合成基因组和一个合成代码的、能够自我复制的生物定义为"合成生命"。当我正写下这部分内容的时候，我的研究团队已经尝试着对最小的基因组给出最初的定义，主要基于第一原则，最小的基因组由我们认为对生命来说是非常必要的基因所组成。正如我在本书前面的章节中已经讨论过的那样，我们现在仍然无法确定基因组中许多基因的功能，而且除此之外，通过一些具体的实验我们知道，活细胞绝对需要这些我们尚不知道功能的那些基因。正如我们在第一个合成细胞中所做的那样，我们正使用一个受体细胞来启动这个新的生命的软件。

我们掌握了设计生命的能力，这一事件影响是深远的。由于罗伯特·胡克的开创性研究工作，在 17 世纪我们已经知道，所有活的生物都是由一个或多个细胞构成的。如今，通过调整它们的基因程序，我们有可能可以随心所欲地改变任何一个细胞，去创造大量的多种多样的生命，从小小的酵母细胞到快速繁殖的鱼类，无一例外。我们也探索了过去常常用于从一维的基因软件里生成三维的细胞组织的机制。

就我们目前所知，存在于我们地球上的所有细胞生命都起源于早期的某些种类的细胞。这些生命的基本单元，包括存在于地球上的大约 5000 000 000 000 000 000 000 000 000 000 个细菌，它们每一个都是生活在距今大约 40 亿年前的最初细胞的子孙。无论这些细胞是否来自另一个星球，智能生命形式都是通过一种被称为泛种论（panspermia）或者被弗朗西斯·克里克称为"定向泛种论"（directed panspermia）的过程传播开来的，最初细胞的最终起源现在仍然是一个谜。

因为生命的起源仍是一个谜，这就给了活力论和宗教的蓬勃发展提供了机会。然而，当我的团队在一个细胞内成功地启动了合成 DNA 软件时，我们就已经证明，我们对细胞生命基本机制的理解已经推进到一个重要的关口。在回答埃尔温·薛定谔提出的那个至关重要的"小"问题——"生命是什么？"——的时候，我们已经能够提供令人信服的答案了：DNA 是软件，它是所有生命的基础。

然而，由于我们是在一个现有的细胞以及这个细胞的所有蛋白质机制的基础上开始的，所以针对以下问题，我们仍然存疑：即实际上作为数十亿年演化结果的现代细胞是不是真的能够从基础的生命元件中重新被创造出来呢？我们能够在无须最初的细胞膜的保护下诱导所有的复杂细胞功能运行起来吗？如果可以的话，我们能够利用这些独立的蛋白质和化学元件来启动一个合成染色体，并在此过程中创造一种能够进行自我复制的新细胞吗？我们能够在实验室中培养出代表着在生命之树上的一个全新分支的有机体吗（有人喜欢把这个分支叫作合成王国）？至少从理论上讲，我们能够做到这些。21 世纪的科学将由我们创造合成细胞和操纵生命的能力来定义。

我的信心部分是建立在自 1965 年以来已经取得的一系列巨大进步的基础上的。正是在 1965 年，活细胞的合成第一次被确立为美国的国家目标。在过去的几年内，我们已经看到了合成生物学的兴起，这是分子生物学进入了一个全新研究阶段的标志。这个领域代表着一个巨大的转变，它说明我们已经开始偏离了过去占主导地位的还原主义实验。数十年来，通过揭示细胞的成分、动力和周期变化，还原主义实验一直是一种帮助我们理解细胞的强有力的方法。现在，我们必须着手弄明白，我们是否能够用一种全新的创新方法把所有这些数量庞大的细胞元件组装起来去创造出一个全新的细胞。当我们实现了这一里程碑式的壮举时，我们将翻开理解生命的新篇章，我相信，到那个时候，我们将会对薛定谔的问题给出一个完整的答案。

即使我们从一个无细胞系统中创造了生命，它仍然不能被认为是"全新的生命"，无论这个术语到底具有什么意义。我很怀疑，每一个曾经使用过这个术语的人是否都认真思考过，他们使用这个术语时真正要表达的意思是什么。接下来，让我们以"从头至尾"地烘焙蛋糕的过程为例来阐明我的意思。有人可能认为，从外面买回一个蛋糕，然后保存在家里的冰箱里，吃的时候再拿出来烘焙一下，就算是"从头至尾"做一个蛋糕了。或者，有人会购买一些蛋糕粉，然后往蛋糕粉里加入一些鸡蛋、水和油，然后做成一个蛋糕。不管怎样，大多数人都会认可，"从头至尾"烘焙蛋糕只不过是把个别成分，如发酵粉、糖、盐、鸡蛋、牛奶和起酥油等，全部混合在一起制作一只蛋糕而已。

因此，我并不认为，在这种语境下，当一个人说要"从头至尾烘焙一个蛋糕"这句话时，他的意思是按照自己创造的烘焙方法，把钠、氢、碳和氧组合到一起，制成碳酸氢钠；同时还制造出自制的玉米淀粉，它是一种由包含有大量的通过糖苷键连接而成的葡萄糖单元所组成的支链型高分子碳水化合物。而且，就其成分而讲，葡萄糖还是由碳、氢和氧组成的。

如果在如此苛刻的意义上来定义"从头至尾"地创造生命这个术语，那么就意味着必须从最基本的化学物质，或者甚至必须从基本元素（如碳、氢、氧、氮、磷、铁等）开始，生产出生命所需的所有分子、蛋白质、脂质、细胞器和 DNA。这真的有必要吗？

生命的基本物质起源于有机化学物质这个认识并没有错，但是它也没有抓住生命起源中最关键的东西，尽管它与生命的起源这个大问题确实是有关联的。生命之初的化学性质——生命起源之前的化学——这个问题把我们带回到了 1952 年，当时芝加哥大学的斯坦利·米勒（Stanley Miller）和哈罗德·尤里（Harold Urey）完成了一个非常著名的实验。他们的实验证明，复杂的有机分子，包括糖和氨基酸，它们是当水、氨气、氢气和甲烷被暴露于一定的条件下时自发形成的，这种条件被认为是对早期地球环境的一种模拟（早期地球环境是一个封闭的、无菌的系统，在这个系统中有电极产生的热量和火花。）几年后，在休斯敦大学，琼·奥罗（Joan Oró）发现，核苷酸碱基腺嘌呤和其他 RNA 和 DNA 碱基可能是由水、氰化氢和氨气自发形成的。

许多人认为，RNA 是第一个重要的能进行复制的遗传物质，它是以 DNA 为基础的生命的先驱；这些人还描绘了一个"RNA 世界"。1967 年，卡尔·乌斯是最早的一批认为 RNA 有可能具有催化性质的人之一，他们认为 RNA 既携带着遗传信息（像 DNA 一样），还可能表现出像蛋白质（酶）一样的性质，这一点是非常重要的，因为事实上发生在活细胞内的几乎所有化学反应都需要催化剂。直到 1982 年，科罗拉多大学的托马斯·切赫（Thomas Cech）才表明，RNA 分子能够自拼接出一个内含子；同时，耶鲁大学的悉尼·奥尔特曼（Sidney Altman）也发现，核糖核酸酶 P 具有催化性质，它能够切断 RNA。由此我们确切地知道了，这些具有催化作用的 RNA——"核酶"（ribozymes）——实际上是存在的。切赫和奥尔特曼因为他们的发现分享了 1989 年的诺贝尔化学奖。

核酶或许是试图回答所有最基本问题的关键。第一个细胞是如何演化的，无论是在地球上还是在外星上？人们为了理解生命的起源，曾经采用过许多方法，但是，以前从来没有出现这样一位研究人员，他试图通过实际制造一个原始"生命"（从零开始）而去了解生命的起源，直到一个人的出现。这个人就是诺贝尔奖得主杰克·W. 绍斯塔克（Jack W. Szostak），他是哈佛大学的教授，有一个自己的实验室。与那些致力于研究由脂质囊泡中的蛋白质系统所组成、但缺乏任何生命的软件分子的"人造细胞"的人不一样，绍斯塔克认识到，生命需要一个能够进行自我复制的"信息基因组"。绍斯塔克的观点介于从事研究生命起源的两大阵营之间。一个是认为"软件是第一位的"阵营，这个阵营认为，作为信息载体和催化分子的 RNA 复制的出现，是生命形成之初最重要的一步。另一个阵营则指出，在最初的生命演化过程中，关键的因素是能够进行自我组装和自我复制的囊泡样细胞膜的出现。

这些囊泡是一种被叫作胶束（micell）的泡状结构物，它们是由脂质分子达到一定浓度后自发形成的。最早的脂质分子被认为是脂肪酸，它们广泛存在于早期的史前地球上，甚至曾经在陨石中被发现过。在分子水平上，它们有一个疏水端（多脂肪的、憎水的）和一个亲水端（喜水的），而且它们能够连接起来形成某种结构形式。脂质分子可以把尾端与尾端（多脂肪端与多脂肪端）连接起来，而让喜水的那一端暴露在细胞膜表面上的内层和外层上。这种组装方式能够发挥一种屏障作用，有效保护细胞内的水溶性分子，从而创造了一个独特的环境。

绍斯塔克与他的学生艾琳·陈（Irene Chen）以及加州理工学院的理查德·J. 罗伯茨（Richard J. Roberts）通过实验表明，在脂肪酸囊泡内，只有存在 RNA 的时候，才能够通过占用来自含有较少的 RNA 或者根本没有 RNA 的邻近囊泡的膜分子促进它们的生长。这个生长过程之所以会发生，是因为囊泡内的 RNA 对这些液囊施加了渗透压。这种内部压力让细胞膜产生了张力，这样它就能够通过吸收周围的那些因为缺乏遗传物质而很少会膨胀起来的囊泡的脂肪酸而获得生长。细胞膜内的 RNA 越多，原始细胞的生长速度也就越快；事实上，它已经快到了这样的地步，即只要有一点点的扰动（在原始地球上，只要有一点点的风吹草动或者波动），它们都会分裂出子细胞膜。

绍斯塔克下一步要做的是再次植入 RNA，但是这一次他为这个软件赋予了一些对它的原始细胞有用的指令。具体地说，这些指令编码了一些制造磷脂质的方法。磷脂质是现代细胞膜所特有的一种脂质。这将是从基于脂肪酸的原始细胞膜转变为基于磷脂的现代细胞膜的一个关键步骤。这也就意味着，从理论上说，只要简单地把 RNA 软件导入原始细胞，就有可能产生能够进行自我复制的系统。这是一项激动人心的研究，我相信科学家将会证明，用生命起源之前的化学物质"制造出"能够进行自我复制的细胞确实是可行的。

如果我们能够设计出一个合成遗传物质，它能够在一个人工的细胞膜内催化其自身的繁殖，那么我们就能够在实验室里创造出一个原始生命。或许这些细胞将会组装出地球上的大约 40 亿年前的最初生命形式，但是更有可能的是，它们将代表一些非常新的东西。重要的是，这些早期的合成细胞，更像是那些生命的曙光，拥有无限的发展潜力：它们会出现突变并进行达尔文式的演化。我相信，针对把 DNA 变为一个细胞这个宏伟目标来讲，它们必定能够提供一些与我自己的团队以及其他探索该问题的研究团队目标相一致的有价值的见解。

有个"通用受体细胞"就好了

为了配合对生命起源的研究工作，我们又开展了一项新的研究，当然，这个项目也有自己的长期目标，那就是，创造一个"通用受体细胞"。这个受体细胞能够接受任何按照我们自己的意愿随心所欲地创造生命、设定物种的合成 DNA 软件。目前，在我们的实验室里，我们能够用于基因组移植的受体细胞类型是非常有限的。为了创造一个通用受体细胞，我们正在重写支原体细胞的遗传密码，以便使它能够转录和翻译任何被移植的 DNA 软件。这项研究应该能够完善和扩展我们对下面这个重要问题的认识，即为什么生命源于我们称之为"细胞"的这个小小的"包裹"之中。

还有一种更激进的方法。我们正在研究我们要怎样做，才能让我们的合成基因组不需要一个现有的细胞作为它的受体细胞。我们的希望是，我们能够创造出合成细胞，而且这个创造过程是这样的：从无细胞系统开始，然后逐步把基础生命元件添加进去，最终构造出一个完整的细胞。虽然这个研究项目应该说是开创历史先河的，但是与它相关的研究可以向前追溯很长一段时间。早在 20 世纪 50 年代 DNA 革命开始时，就已经有好几个研究小组独立地证实了，在进行一些生命的基础运动过程中，细胞并不是绝对必要的。他们发现，甚至在细胞膜破裂后，蛋白质的制造还是能够进行的。

这种可能性是由保罗·查尔斯·查美尼克（Paul Charles Zamecnik）率先提出来的，他是哈佛医学院的一名医学教授，也是位于哈佛大学附近的马萨诸塞州总医院的资深科学家。查美尼克最初对这个课题产生兴趣是在 1938 年的某个时候，当时在对一名重度肥胖的女人进行尸检的过程中，他对这具女尸的组织内"存在着大量的脂肪但蛋白质又相对贫乏"这种情况感到非常震惊。在这种"莫名惊诧"的驱动下，他决定设法搞清楚蛋白质究竟是如何制造出来的，自此之后，他的职业生涯的大部分时间都离不开这个问题了。查美尼克从一开始就认识到，为了弄清楚蛋白质合成的中间活动过程，他需要开发出一个无细胞系统。经过几年的努力，在他的同事南希·布赫尔（Nancy Bucher）的帮助下，查美尼克最终实现了这一目标，从而为许多重要的发现铺平了道路。在这个领域中，查美尼克取得了很多成就，其中包括揭示出了蛋白质合成需要 ATP 以及发现核糖体是蛋白质组装的场所等。

许多研究小组都致力于研究从独立的元件中去重构生物过程。海茵茨·弗兰克尔 - 卡纳特（Heinz Fraenkel-Conrat）和罗伯利·C. 威廉姆斯（Robley C. Williams）是第一个做这种实验的人，那是在 1955 年，他们在实验中利用的是烟草花叶病病毒，这是一种能够在纯化的 RNA 和蛋白质外衣中创造出来的功能性病毒。此后不久，基础遗传密码被解密了，从 DNA 软件到蛋白质的众多信息也被翻译了出来，在很大程度上，这些都是马歇尔·尼伦伯格和他的博士后研究人员 J. 海因里希·马特哈伊（J. Heinrich Matthaei）在 1961 年进行的开创性研究实验带来的结果。在他们的实验中，他们准备了一个即使在没有完整的活细胞存在的情况下也能制造出蛋白质的细胞提取物。通过使用合成的 RNA 和放射性标记的氨基酸，他们发现三个尿嘧啶的组合 UUU 能够形成氨基酸苯丙氨酸的密码子。

从那时起，采用 DNA 或 RNA 在试管内制造蛋白质就已经成为一种常见的做法。由此而引发的一个结果是，无细胞蛋白质的合成已经成为分子生物学家的重要工具。虽然这些方法在传统上需要细胞提取物，但是，随着所谓的"利用重组元素进行蛋白质合成"系统（protein synthesis using recombinant elements，PURE）的出现，我们已经能够在无细胞系统中进行蛋白质的合成，再加上能够利用纯化的化学"元件"和核糖体重构大肠杆菌的翻译机器的引入，这一切都发生了根本性的改变。现在，我们正在尝试着在不需要预先有一个细胞存在的情况下，使用酶、核糖体和化学物质（包括脂质）的混合而成的基因组来创造一个新的细胞和生命形式。在未来几年内，以下这种现实可能性将变得无限巨大：在一个无细胞系统中，或者在一个通用受体细胞中，根据计算机设计的生命的软件创造出各种各样的细胞。

"从头至尾"地创造出一个细胞，这个壮举将会开创出无数非同凡响的全新可能性。首先，在我们探讨有生命和无生命之间的界线时，这将能够完善我们对"生命"的定义。这项工作也可能受到我们如何定义如"机器"以及"有机体"这样的术语的影响。另外，在没有预先存在细胞的情况下，创造生命的能力也拥有非常现实的意义，因为这能够增加我们设计新生命形式的自由度。另外，这也将有助于我们对一些古老的生命形式进行探索，因为我们既可以通过从它们活着的子孙后代的基因组中推导出已经灭绝的生物基因组，也可以利用合成细胞去探索这个古老物种的软件性能。

新探索：细胞间的合作

我们还将开始探索用合成细胞构成生命组件的潜力。人的身体就是其自身的各种组件经集体努力而形成的一个了不起的系统。单单在你的身体的消化系统内，就"驻扎"着大约 100 万亿个微生物，这个数字大约相当于你的身体内的所有主要器官细胞数目的 10 倍。在这些微生物当中，绝大多数都是友好的，它们与我们的生物化学过程是协同工作的。细胞相互之间协同工作的这个特点开始于生命历史上一个相对较早的时期。细菌的多细胞串出现在距今大约 35 亿年前。正如我在本书前面的章节中已经提到过的那样，还有其他形式的微生物之间的合作。例如，已故知名科学家、马萨诸塞大学的林恩·马古利斯（Lynn Margulis）指出，特化的真核细胞是通过一种共生起源，即两个古老细胞的有益结合而获得光合作用和制造能源的线粒体的。

在这些早期的例子出现之后，紧随而来的是另外一个合作浪潮，那就是，这些复杂的细胞本身联起手来形成各种各样的"团体"。有意思的是，这种演化过程在历史上独立地出现过好几次。在距今 6 亿多年前，栉水母门动物出现了，这标志着多细胞生命开始走上了多样化历程（这种水母很常见，它们拥有发育得良好的组织，但是身体仍很脆弱）。海绵动物是另一个在更复杂的身体内进行合作的孤立细胞的早期例子。它们由各种不同类型的细胞所组成，这些细胞包括消化细胞、分泌针状体细胞（这是它们的身体骨骼的片段）等。这些细胞能够相互进行沟通，同时也能够作为单一的个体与其他细胞一起发挥作用。

在海绵动物中，有一种堡礁海绵（Amphimedon queenslandica），它是一种生活于大堡礁的寻常海绵纲动物，它的基因组序列揭示出一些允许单个细胞一起工作的基因机制。在它身上，多细胞化的六大标志性特征都出现了：规律的细胞周期和生长、程序性细胞死亡（凋亡）、细胞基质黏附（它能够使组件细胞紧紧地粘在一起）、发育信号和基因调节、抵御入侵的病原体的机制和细胞类型的特化。事实上，这也就是为什么我们会有神经细胞、肌肉细胞等不同细胞的原因。考虑到这种多细胞化过程要独立进行许多次，因此我们似乎不太可能对它的起源进行单一化的解释，于是细胞的合作也就成了我们解释"生物如何更成功地把基因传递给下一代"这个演化问题的最佳解决方案了。无论"基因传递给下一代"这种说法到底是意味着成功抵御特定的寄生虫，还是意味着拥有一种更加有效的到处走动的方法，抑或是意味着高效地利用食物和能源这类可获得资源。

随着合成细胞的出现，我们能够搞清楚导致多细胞化机制的一些具体细节。我们能够剥开合成细胞并且精简它，然后再仔细地审视上面列出的每一个多细胞化的因素是如何影响细胞的交流和合作能力的。这将使我们拥有前所未有的工具，从而能够更好地理解发生在多细胞生物内细胞之间的非常复杂的相互作用模式，无论是线虫类动物还是人类均是如此。同时，我们还将尝试着利用包含有合成细胞器的细胞自下而上地构建出多细胞生物，然后就可以研究这种"无比亲密"的合作形式了。

其实，早在 20 世纪 60 年代末期，纽约州立大学的一个研究团队就已经成功地利用其他变形虫的主要细胞成分创造出了一个比较大的有机体阿米巴变形虫（Amoeba proteus）。他们报告说："我们重组实验的成功意味着，我们现在已经拥有了组装包含有任意组合成分的变形虫的技术能力，因此我们拥有了一个优秀的测试系统。"我们能够赋予这些被制造出来的细胞一些更有效的细胞"电池"，或者创造出一个合成的内质网，把核糖体嵌入到细胞器内，并且在细胞器内进行蛋白质的合成和折叠。

从我们对支原体和其他生物的研究中，我们已经确定了一个活细胞的基本组成成分，那是一种由大约 300~500 个蛋白质组成的混合物，这个数字大致上与露西·夏皮罗（Lucy Shapiro）在研究新月柄杆菌（Caulobacter crescentus）这种细菌时确定的"基础基因组"的数字相当。读者不妨想象一下，如果我们能够系统地探索生命机器的变异体，了解哪些成分是至关重要的，哪些成分是不必要的，并且能够梳理出它们协同工作的方式，那又会如何呢？随着生物成分、软件子程序的应用范围不断扩大，这必将成为合成生物学领域的一个福音。

09

设计生命

未来，在创造真实的细胞之前，我们可以先设计一个虚拟细胞，用它来对我们的设想进行检验。国际基因工程机器设计大赛（iGEM）吸引了无数才华横溢的年轻人参与"操控生命的软件"的实践活动。这些来自实践的真知，提高了我们设计基因组的能力，进一步加快了我们合成新生命的进程。

LIFE AT THE SPEED OF LIGHT

相比在已经记载下来的无数物种中增添一个物种，培育出新品种是更为重要、也更加有趣的研究课题。

—— 达尔文，《物种起源》

当我们为了给活细胞编程而设计和编写新的软件时，我们怎样才能增强自己的信心，相信这种做法一定行得通呢？最显而易见的方法是真正尝试着去创造一个细胞。但是，就目前的情况来看，这种做法仍然是比较昂贵的和耗费时间的，如果失败了，你就会想知道，问题是出在软件本身呢，还是出在让 DNA 的指令变为现实的启动系统的过程中呢？未来，在创造真实的细胞之前，通过计算机建模，我们可以先创造出一个虚拟的细胞，用它来对我们的猜想进行检验。对生命进行计算机建模已经离我们越来越近了，而且这种方式将会产生比以往任何时候都更加大的影响，这部分是因为计算机的计算能力呈指数级增长，部分是因为现代生物学已经见证了我们所从事的这一类研究正在不断扩散，它们产生了许多可以收集利用的信息。特别是在过去的 20 年里，科学界已经积累了越来越多的有关生物系统的详细数据，上自各个层次生态系统的特点，下到蛋白质的三维结构错综复杂的折叠，全都包括在内。对我们来说，尤其有意义的是，分子机器的种类极其多样，它们的功能也无比广泛，它们彼此之间以及它们与其他细胞成分之间相互作用的形式也非常美妙。作为这种海量数据的一个结果，现在大量的基本生物都已经在硅元件（即计算机）中实现了建模，成为实验室实验的补充。

生命的计算机建模

数十年来，许多研究团队都在努力尝试着对生命进行计算机建模，包括模拟生化过程的基因调节以及蛋白质的合成等，不同的模型复杂程度各不相同。例如，在欧洲，虚拟生理人项目（Virtual Physiological Human project）的宗旨是，在计算机中模拟器官的运行以创造一个虚拟的身体。为了成功地做到这一点，研究人员不得不把有关生理学的许多知识整合在一起，这些知识从数万个基因和它们的变体，到数量更大的蛋白质成分，再到新陈代谢中的变化。

对器官和组织进行建模的尝试已经有一段相当悠久的历史了。心肌细胞的第一个数学模型出现在 1960 年。到了 20 世纪 80 年代，涉及心脏肌肉细胞收缩的各种活动（包括电力的、化学的、机械的）都已经得到了相当深入的研究，因此我们已经有可能创建出一个跳动的心脏细胞的计算机模型。只需要大约 30 个方程式就能捕获关键细胞的化学过程，其中尤其重要的是，允许电子信号在心肌细胞内外"一闪一闪地"沿着离子通道活动。由于计算机的计算能力有了大幅度提升，我们现在已经有可能在虚拟心脏的所有四个心室内模拟数十亿个这些细胞的跳动了。

对模拟器官的追求也已经瞄准了大脑。大脑拥有数百亿相互连接着的神经元。2008 年，坐落在日内瓦湖畔的洛桑联邦理工学院的人类大脑计划（Human Brain Project）的研究人员模拟了一个微电路，它由一万个大脑皮层内的神经细胞所组成（大脑皮层是大脑中的薄薄的一层，那里是最有意思的和最先进的思维功能所在的地方）。要模拟出一个拥有 1 000 亿个神经元的人类大脑至少需要 10 年或更长的时间。2013 年年初，欧盟宣布，将在这个计划上投入 10 亿欧元。

在一个更根本的层面上，这些年来，我们在创造计算机虚拟细胞（以"活"的软件形式出现的动态生物系统）方面已经付出了大量努力。已经有研究人员成功地揭示出在一个活细胞内部，各种过程是如何结合为一个系统从而发挥功能的。虽然我没有直接参与这些项目，但是它们显然得益于我们研究所的工作。在我们的支原体基因组研究中所获得的最深刻的知识和见解，使得其他研究人员有可能在计算机中创建一个支原体细胞的具体模型。

20 世纪 90 年代，由日本庆应义塾大学的富田胜典（Masaru Tomita）领导的一个研究团队试图把我们的基因组数据转变为"电子细胞"。当庆应义塾大学的这个团队刚刚开始实施这个项目时，已经完成测序的有机体只有 18 个。但是他们坚信，此后必然会涌现出史无前例的大量分子信息，利用它们对各种各样的生物进行大范围的建模，必定会给我们带来许多关于细胞内分子过程生动鲜明的全新见解；而且，如果在计算机上模拟出来，那么就能够通过这些信息来预测活细胞的动态行为。这就是说，我们将有可能在计算机内探索蛋白质的功能、蛋白质与蛋白质之间的相互作用、蛋白质与 DNA 的相互作用、基因表达的调节以及细胞代谢的其他特征。换句话说，虚拟细胞能够同时在生命的软件和硬件方面为我们提供一个新的视角。

1996 年的春天，富田胜典和他的学生在庆应义塾大学生物信息学实验室里开始研究生殖支原体（我们已经在 1995 年对它进行了测序）的分子生物学模型，到了那一年的年底，他们制订了电子细胞项目（E-Cell Project）。这个日本团队构建了一个只有 127 个基因的假想细胞模型，然而用它进行转录、翻译和生产能源已经足够。他们所使用的大多数基因都取自于生殖支原体。在他们的模拟过程中，这个团队绘制出了这个假想基因组的代谢性相互作用的蜘网图，其中包括了 20 个 tRNA 基因和 2 个 rRNA 基因。尽管正如他们所承认的那样，这个细胞依赖于某种不切实际的、非常有利的环境条件。

在任何给定的时刻，模型化细胞的状态都被表示为一张列表，其内容包括它各个组成成分的浓度以及细胞容积、酸碱度和温度。为了模拟 DNA 软件，日本这个研究团队使用了真正的软件程序，并且开发出了数以百计的约束生殖支原体的许多（但并不是全部）代谢途径的规则，包括糖酵解、乳酸发酵、葡萄糖的摄取、甘油和脂肪酸的摄取、磷脂生物合成、基因转录、蛋白合成、聚合酶和核糖体组装以及蛋白质的降解和 mRNA 的降解，等等。为了获得更高的"保真度"，他们的模型是这样构建起来的：酶和其他蛋白质的降解随着时间的推移而自发进行，因此，为了维持细胞的"生命"，它们将不得不不断地被合成。

在日本这个研究团队所做的有关虚拟细胞的实验中，"模拟器引擎"是以大约相当于活的有机体的 1/20 的速度推进的。他们可以通过从培养基中排出葡萄糖而"饿死"虚拟细胞。当这样做的时候，他们观察到三磷腺苷的数量会暂时上升，但是随后又会大幅下降，直到耗尽三磷腺苷燃料后，细胞最终才会"死亡"。如果后来又加了糖进去，这个虚拟细胞有可能会恢复，但也有可能不会恢复，这依赖于它忍受饥饿的时间。随着鼠标的点击，这个模型还能够在一系列不同细胞物质的浓度水平上复制敲除一个基因的影响，而且这一切只需要点击几下鼠标，在几个毫秒内就能完成。通过敲除一个必需的基因，也能够"杀死"虚拟细胞（例如，敲除控制蛋白质合成的基因）。其结果是，所有的酶都会逐渐降低，最终完全消失。

但是，在20世纪90年代末，如何把各个不同层次的细胞过程（从基因的使用到代谢以及随后的一系列过程）连接起来，仍然是一个巨大的挑战。庆应义塾大学的研究团队所构建模型的127个基因集比我们"最小基因集"还要小得多，我们的"最小基因集"是根据我们的基因敲除研究以及对我们最初两个经过测序的基因组进行的序列对比而确定的。因此，这个模型细胞能够进行"自我维持"，却没有能力增殖；它缺乏DNA复制、基因调节和细胞循环的路径。当然，在那个时候，许多基因的功能仍然不为人所知（事实上，今天也还是这样），所以科学家们不得不依靠某种合理的猜测来填补缺失的代谢功能。

在制订了最初的电子细胞计划以后的十年时间里，日本这个研究团队取得了很大进展。在不断改进模型的同时，他们的研究已经转移到了对人类红细胞、神经元和其他类型的细胞进行建模，还扩展到了其他一些与虚拟细胞这项研究有互补性的领域中，例如，在测量大肠杆菌响应遗传和环境挑战的途径时，他们证明，细胞内代谢性相互作用的网络是相当稳健的，原因是因为存在着大量冗余。

有关生殖支原体的最近一项建模研究是由美国斯坦福大学的系统生物学家马库斯·W. 科弗特（Markus W. Covert）所领导的一个研究团队完成的。他这个团队利用我们的基因组数据创造了一个与真实组成成分非常接近的虚拟支原体。这个精心创造出来的杰作，不仅依赖于对包括来自超过900篇科学论文数据的大量信息综合，也依赖于生物体的基因组、转录组、蛋白质组、代谢组以及其他你所能想到的任何"组"的有关数据。因此，生殖支原体成为第一个被详细建模的生物体，它本身以及它的 525 个基因中的每一个基因、甚至每一个已知的基因功能都已经被详细地建模了。

为了创造虚拟细胞，斯坦福大学的研究团队使用了几千个与大约 30 个亚细胞过程模块有关的参数，而且每一个亚细胞过程都是以多种方式被建模的。为了把所有这些细胞过程整合成一个统一的细胞机器，它们对这些独立的模块进行了编程，每一个模块都在它自己的算法下进行运行，而且彼此能够相互沟通。以这种方式模拟出来的细菌表现为能够模仿细胞各种功能的一系列模块。利用一个由 128 台计算机所组成的网络，斯坦福大学这个研究团队能够在分子水平上绘制出虚拟生殖支原体细胞的行为详图，从它们的 DNA 和 RNA 到蛋白质再到代谢物。他们在分子水平上对细胞的生命周期进行了建模，绘制出了 28 类分子的相互作用图。最后，整个模型得到了由生殖支原体的信息库所组成的知识库的验证。

斯坦福大学的研究团队同时还利用他们的虚拟生物去研究细胞周期各阶段的具体情况。细胞周期可以分为三个阶段，即开始阶段、复制阶段和细胞分裂阶段。在对整个细胞周期的持续时间进行比较时，他们注意到，与最后的那个阶段相比，第一阶段的可变性更高。在虚拟细胞之间，细胞周期各个阶段的长度是明显不同的，不过整个周期的长度则更为接近一些。他们仔细研究了模型后推测，整个细胞周期缺乏一致性是一个内置的负反馈机制的结果，这个机制是对个别阶段差异的补偿。因此，需要较长时间来开始 DNA 复制的那些细胞，在开始阶段有更多的时间去积累更多的游离核苷酸。而在实际的复制过程中，这些核苷酸则被用来创造新的 DNA 链，然后相对较快地进行传递。另一方面，更快完成第一阶段的那些细胞则没有多余的核苷酸，于是复制过程由于核苷酸的生产速度问题而被延误了。

斯坦福大学的研究团队还对所有 525 个基因突变的影响进行了模拟，以确定突变细胞是否仍然能够存活下去。与真实细胞的实验数据相比，他们预测的正确率大约为 80%。很显然，当这两组数据在结果上出现差异时，更应该引起我们的关注。根据该模型，基因 lpdA 的缺失应该是会杀死细胞的，但是在事实上，该菌株仍然能够存活下来，尽管它比野生型菌株的生长速度慢了 40%。该团队推断，应该存在着另一种蛋白质，它必定承担了与 lpdA 相类似的任务。通过仔细观察，他们确实发现了一个名为 nox 的相关基因，它与 lpdA 基因在序列上和功能上都有类似之处。当他们将 nox 基因的这个功能加进去、从而调整了虚拟细胞的模型后，这个模型同样可以产生一个有活力的模拟细胞。然后，根据在计算机中观察到的与在现实生活中的突变体生长速度之间的差异，这个研究团队又对计算机中的虚拟细胞中酶被制造出来的速度进行了微调，这一次，他们制造出来的虚拟细胞就变得更逼真、更像生殖支原体了。

最终，类似这样的模型将允许我们自由地设置"假设"场景，这是工程领域中一种常用的方法。正如某位建筑工程师可以在计算机上调整摩天大楼的某个结构部件的宽度从计算它的抗震能力一样，系统生物学家也能够操纵生命的软件来探索其对细胞活力的影响。我相信，将我们那个计算机设计的最小基因组与计算机模型进行一番比较，来看看各自对基因变化的预测能力，应该会是非常有趣的一件事。

要想实现生物计算领域的这场革命，就需要计算机的计算能力出现巨大的飙升。当时，斯坦福大学的研究团队要完成对细胞分裂一次的模拟，就需要花费大约 10 个小时，并且会生成 1GB 左右的数据。不要忘记，第一个虚拟细菌只拥有 525 个基因，其复杂性远远不及拥有 4 288 个基因的大肠杆菌。而且，大肠杆菌每隔 20~30 分钟就会分裂一次，并且它的分子间相互作用的数量也大得多、方式也复杂得多。更重要的是，每一次分裂都会进一步增加运行模拟所需的时间。无疑，在创造更复杂的真核细胞的虚拟版本时，我们还会遇到更大的挑战。

通过更加深入地了解真正的有机体，从而更好地理解反映细胞三维世界的线性软件代码，这是一项艰巨的任务，许多工作仍然有待我们去完成。在这个方向上，已经出现了一个重要成果，它是由另一位斯坦福大学的科学家露西·夏皮罗领导的研究团队获得的。夏皮罗的职业生涯很不寻常，她原本主攻美术专业，后来才转为专业的生物学研究人员。自从完成了这个戏剧性的转变之后，她在发育生物学领域的职业生涯取得了辉煌的成功。因为夏皮罗一直专注于研究一种被称为新月柄杆菌的非对称性有组织的淡水细菌，因此 2001 年，我的研究团队与她的研究团队开始携手合作，一起来确定新月柄杆菌的基因代码，新月柄杆菌有 4 016 942 个碱基对，它们为 3 767 个基因进行编码。

夏皮罗的研究表明，细菌并不只是一个充满了蛋白质的杂乱无章的"包"，相反，它是由包含了不同成分的一个个"隔间"所组成的，这就是说，各种复杂的生物化学过程，比如说细胞周期和细胞分裂，是由那些占据了特定场所的特定蛋白质机器人进行编排的。夏皮罗第一次阐明了细菌 DNA 的复制是以一种在空间上有组织的方式进行的，细胞分裂依赖于特定的空间组织，依赖于一种将 DNA 分隔到细胞两端的机制。她的研究团队同时还证明了存在着一种控制细胞周期的主要遗传调控因子。例如，有一种调控因子参与鞭毛的"生产",鞭毛是一种能够让有机体拥有游泳能力的鞭状附属物(游泳能力是一种必不可少的生存能力)。她的研究团队还发现,看似分别被隔离在细菌生命周期不同阶段的一系列事件(她们一直都在研究这些事件),实际上都是被全局性的调控因子连接在一起的。例如,仅仅是这些调控因子中的一个,就控制了95个其他基因的表达。利用我们在研究支原体过程中新近发展起来的流畅流程,夏皮罗完成了一个分类,并按字母表顺序,列出了新月柄杆菌生存下去必不可少的那些基因。这张表格大约包含了12%左右的细菌遗传物质,表中列出的基本元素不仅包括了编码蛋白质的基因,而且还包括了DNA调控因子,有趣的是,此外还包括了91个功能未知的小小的DNA片段。至于其他88%的基因组则是可有可无的,即使它们被损坏也不会影响细菌的生长和繁殖能力。

iGEM大赛

生物学研究的未来在很大程度上将取决于计算机科学与合成生物学能否完美地融合在一起。未来应该是美好的。从每年都会举行的国际基因工程机器设计大赛(The International Genetically Engineered Machine,iGEM)中(总决赛在马萨诸塞州的坎布里奇举行,那是整个比赛的高潮部分),我们可以体会到这个愿景。这是一群才华横溢的年轻人的聚会,从他们身上,我们看到了未来的希望。国际基因工程机器设计大赛邀请全球范围内的高中生、大学生和企业家参加,他们必须用一系列标准DNA子程序组装成新的东西,去争夺比赛的奖杯——那是一块硕大的铝制乐高砖,它象征着"生命可以通过将子程序组装在一起的方式构建出来"这个信念。

这项赛事是由三位工程师创办的，他们希望把乐高积木的"思想"——用相互锁扣的组件构建出一个系统——推广到生物学中去。这三位工程师是汤姆·奈特（Tom Knight）、兰迪·雷特贝格（Randy Rettberg）和德鲁·恩迪（Drew Endy）。这项每年一度的赛事现在固定在麻省理工学院举行，而它最初的起源则是该校于 2003 年 1 月所开设的一门课程。在那门课程上，举行了一场设计"会闪闪发光的大肠杆菌"（也就是说，会定期产生荧光）的竞赛，由学生们分别组成几个团队参加。这次课堂活动后来演变成为一项夏季比赛项目，2004 年，参加队伍有 5 支；而到了 2005 年，马上就增加到 13 支，那一年也是这项赛事走向国际化的第一年。自那之后，赛事规模迅速扩大，到 2012 年，参赛队伍增加到 245 支。

在 2011 年的国际基因工程机器设计大赛上，大约有 160 支队伍参与了这次比赛（它们由来自全世界 30 个国家和地区的 2 000 多名参赛者组成）。赛事从区域性的预赛开始，最后产生一个世界冠军。值得强调的是，这个赛事已经与需要"认真学习、专心听讲、准备报告"的大学课程无关了，相反，它成了一个基因学的狂欢节。参赛者们拥有自己的吉祥物，当他们对 DNA 软件进行切割和组装时，他们身上穿着的是印有赞助商标志的团队 T 恤。

这项赛事的其中一个目标是，借此机会创建一个标准组件的目录。这里所指的标准组件是一种被称为"生物砖"（BioBrick）的、可以连接起来的 DNA 片段，它能对宿主细菌编程以执行某个特定的任务。每块生物砖的两面都被 DNA 序列所覆盖，这样一来，它就能够与其他生物砖相连接，并且成为一个可插入到细菌细胞中去的质粒。多年以来，参赛者们已经积累起了一个包含了数千块生物砖的基因库。这个基因库是集成式的、开源式的，后来被称为标准生物组件注册表（Registry of Standard Biological Parts）。这个注册表包含功能一览表、结构一览表等多张表格，它本身是对篇幅达上千页之巨的电路部件表的一种模仿。那种电路部件表的正式名称是《设计工程师的 TTL 数据手册》(*The TTL Data Book for Design Engineers*)。

在每场比赛中，每支参赛队伍都会在夏天开始时分到一组特定的生物组件，即一个生物砖工具包，同时真实的 DNA 副本也会以脱水 DNA 的形式邮寄给他们。整个夏天，参赛者们都要在自己的学校或实验室里工作——他们要使用这些组件以及自己设计的新组件来构建生物系统，并在活细胞中完成操作。在寻求从一组标准化的组件中组装新的生物"回路"的过程中，一些学生团队已经开始尝试使用我自己的团队在研究中一直使用的一些方法。

在分给他们的生命工具包中，包括这样一些基本装备：启动基因，它为将要被读取的 DNA 片段做标记；操纵基因，它可以调节启动基因的运行；核糖体结合位点，它召集核糖体制造蛋白质；蛋白质编码序列，它能够为一种酶编码，这种酶可以成为一个阻抑物，绑定到启动基因上，并且使后者失去能力，或者成为一个"报告者"（比如说绿色荧光蛋白，正如其名称所暗示的那样，它可以表明电路是有效的）；终止基因，它会发出信号停止读取 DNA 软件。这些组件能够被组装成细胞内的一些"设备"，并执行一些简单的功能。

在最基本的层面上，一种设备就能够制造出一种蛋白质。但是由于 DNA 是生命的软件，它也可以被用来建造"逻辑门"，逻辑门是计算机的基本构造板块，比如说一个"与"门（只有当同时出现两个输入信号时才能启动一个基因）；一个"或"门（只要输入一个信号就能够启动一个基因）；一个"非"门（在那里，只要出现一个信号，蛋白质就无法被制造出来，反之亦然）。这些设备还能够在细胞之间发送信号以协调细胞群的行为，比如细菌天然具有所谓的群体感应能力，这种能力能够使细菌根据其邻近细胞的数量来调节基因活性。还有一种光控制设备，它依赖于聚光蛋白质，比如植物和细菌的光感受器。从这些基因门中构造出来的回路可能有一天会成为工程细胞的组件，它们能够监测环境，并对环境做出反应。

反过来，不同的设备还可以连接在一起形成一个系统。例如，它们能够产生反馈回路——正反馈（使用一种催化剂），如能够把麦克风中的低音转变为啸叫；负反馈（使用一种阻抑物），如在一个恒温箱里，当温度达到一定数值时就关闭加热器。参赛者还可以制造一个开关，它会对细胞内或者细胞周围的环境做出反应，这时，需要使用一种启动基因或者阻遏基因，或者振荡器，振荡器遵循一种循环模式（想想你的生物钟），这种模式能够以各种方式被构造出来，比如把一个负反馈回路与一个延迟装置或者计数器结合起来，在那里，一个事件的发生会触发某种蛋白质的制造，而这种蛋白质的生成反过来又会促进另一种蛋白质的生成。

利用这种方法，合成生物学的学生就能够构建一个层级性结构了：由组件开始，构造出设备，然后再构建成一个系统。由于他们的努力，我们现在已经拥有了许多细胞回路，它们能够在不断增大的细胞群落中实现模式生成、噪声整形、边缘检测、事件计数和同步振荡等功能。例如，一支来自康奈尔大学的参赛队伍设计了一种生产复杂生物分子的无细胞方法，很自然地，这被称为生物工厂（Bio Factory）。另一支参赛队伍证明，通过创建一个遗传指令循环，细菌能够以时钟的方式发出荧光。一支来自中国香港大学的参赛队伍成功地证明，大肠杆菌能够被转换成一种叫作"生物硬盘"（biohard disk）的信息存储装置，他们把他们的工作成果称为"E. cryptor"。还有一支参赛队伍设计了一个软件，它能够在计算机屏幕上操纵 DNA 软件，然后在机器人的帮助下在实验室里把它转变为基因序列。

还有许多其他项目也相当有趣，例如，有一支参赛队伍制造出了能够在黑暗中闪闪发光的细胞。麻省理工学院的一支参赛队伍完成了"散发出淡淡香味的大肠杆菌项目"，当这些细菌生长的时候，闻起来像冬青树的味道，而当它们停止生长的时候，闻起来却有香蕉的味道。有一个项目名叫"活的液晶显示器"，即计算机屏幕是由酵母或细菌细胞制作而成的，而不是用来显示一些数字像素的。一支来自得克萨斯州立大学和加利福尼亚大学旧金山分校的参赛队伍利用大肠杆菌设计出了一盏感应灯，并以短语"Hello World"（你好，世界）的形式展示了出来，他们的方法是，利用蓝藻的蛋白质结构域去控制半乳糖苷酶基因，使其能够把一个分子切割开来以产生黑色素。

一些参赛队伍还创造了各种各样的有利他主义倾向的微生物，包括那些会对环境毒素做出反应从而改变颜色的微生物；会做计算的微生物；会显示出寄生虫的微生物；会侦测地雷的微生物；在普通酵母中，能够产生 β - 胡萝卜素的微生物。来自英国剑桥大学的一支参赛队伍则设计了"E. chromi"，然后让它用生动鲜明的色彩装饰大肠杆菌，这个"壮举"为他们团队赢得了艺术和设计大奖的提名奖。还有的参赛队伍则酿造出了富含白藜芦醇的"生物啤酒"，白藜芦醇是在酒中发现的、被某些人认为对人体健康有益的化学物质。

对于合成生物学所必然会涉及的社会方面的因素，这个赛事的主办者也有非常强烈的意识，他们知道，必须让非科学家理解和接受他们对生命机器进行的这种"修修补补"。在这项赛事中，各支参赛队伍都是深度参与的，作为项目的一部分，他们要与公众互动，进行问卷调查，并与不同的新闻媒体打交道。同时，安全是一个核心因素，每个参赛队伍都必须撰写一份报告，说明他们的项目对周围环境的潜在影响。特别值得一提的是，有一位参赛者开发出了一种算法，它可以确定特定 DNA 序列与被列入美国疾病控制和预防中心的《管制病原和毒素表》（*Select Agent and Toxin List*）中的基因的相似度。

对于这种利用生物砖的方式来吸引和教育学生的做法，我举双手赞成，在此，我要对国际基因机器工程设计大赛的组织者表达敬意。我认为，他们已经改变了这个领域的教育模式。国际基因工程机器设计大赛鼓励新生代科学家去实践"操控生命的软件"的理想（这无疑是激动人心的），促使参赛者们展示出了非凡的独创性，这也使我对未来充满了希望。总之，从选择育种盲目地改变基因（在传统的农业和农场中，人们的做法就是这样）到运用现代科学工具去设计生命，我们已经走过很长的一段道路了。

当这些参赛学生正在努力学习进行生物设计时，来自世界各地的各个实验室许多才华横溢的研究人员也正在不断取得令人印象深刻的进步。一些研究者正在开发一种"芯片上的实验室"（生物芯片），它可以将原位蛋白质的合成、组装和成像等结合起来，创造生成蛋白质的新模式。还有一些人已经学会了如何在一个小小的石英室内，从 DNA 副本中制造出蛋白质。正如通过国际基因工程机器大赛所生动展示出来的那样，在这个地球上已经出现了一个全球性的网络，这一网络由致力于阐明试管内基因回路的合成生物学家们组成。为了基因组设计的未来，我们需要一个设计生命所需要的包括人造氨基酸、通断开关、生物变阻器、振荡器、调制器、自杀式基因和基因通路等在内的全新工具包。

为了说明它们的潜力，我将集中讨论一两个具体的例子。要读取 DNA 软件的命令，细胞依赖于锌指结构蛋白质，它们通常被称为"锌手指"（zinc finger）。这种蛋白质是在 1985 年由诺贝尔奖得主阿龙·克卢格（Aaron Klug）

发现的。克卢格是剑桥大学医药研究院的分子生物学家，主持该院的分子生物学实验室。这些蛋白质之所以被命名为"锌手指"，是因为它们含有一个形状像食指的锌原子。这种蛋白质有数百个种类，每一种都靠绑定 DNA 而起作用，其中每个"手指"都要与 DNA 的三字母序列相匹配。因此，你所使用的"手指"越多，你所能识别出的特定序列就越精确。只需要使用六个"手指"，你就能够定位任何一个特定的基因了。

这部分知识在生物学体系中非常重要，而且已被波士顿大学生物医学工程师艾哈迈德·S. 哈利勒（Ahmad S. Khalil）和詹姆斯·J. 柯林斯（James J. Collins）用于合成生物学了。他们创造出一些旨在绑定新的目标序列的新型"锌手指"设计。波士顿大学的这个团队利用源自真核生物本身的模块化的、功能性的组件，已经在真核细胞酵母中设计出了新的回路，并且在"锌手指"的帮助下把它们"连接"了起来。这项成果有许多直接的应用，比如说，开发用于再生医学的干细胞、开发细胞内物质以及用于诊断癌症和其他疾病早期阶段的回路，等等。这种方法还可以用来帮助特定的细胞群执行高阶计算任务，在传感应用的环境下处理信号。

还有一些研究团队则正在努力扩展和修改现有的遗传代码，例如，为自然界中原本不存在的新氨基酸进行编码。遗传密码是有冗余的，因为在某些情况下，会有好几个密码子为同一个氨基酸进行编码。因此，我们就有可能对这些额外的密码子进行分配，用来给新的不以自然形式存在的氨基酸进行编码（即为不在现有的 20 种"标准"氨基酸之列的氨基酸进行编码）。在一个这种类型的研究中，医药研究院的分子生物学实验室研究人员詹森·秦（Jason Chin）"设计"了一种果蝇，在它们的卵巢细胞中的蛋白质中引进了三种新氨基酸。这些新氨基酸能够使蛋白质增加新功能，还能够使细胞增强抵抗病毒感染的能力。

但是最重要的是，对合成生物学无限潜能的系统性探索，极大地加深了我们对基础生物学的理解。我们如果能很好地利用这种能力，那么我们拓展生物学知识的速度就会比今天快成千上万倍。我们所获得的洞察力反过来将有助于提高我们设计基因组并在虚拟细胞模型中进行测试的能力，从而进一步加快我们合成新生命的进程。

安全与伦理

当然，设计和创造新的生命形式将会不断地提出一些重要的伦理问题。不仅仅在美国，在许多生物技术产业比较成熟的其他国家，学者们都已经进行了有关这方面的诸多探索。在 20 世纪 90 年代末，我发起了对合成基因组和合成生命的第一次伦理评估。如前所述，当时我的研究院资助宾夕法尼亚大学生物伦理学系的专家来评估我们自己的工作。自从我们完成了对 phi X_{174} 的研究工作后，我的研究团队一直与政府机构进行合作，努力探索生物伦理问题，这些机构包括美国能源署、白宫科学与技术政策办公室以及美国国家卫生研究院，等等。在此仅举一个例子。2004 年，由罗伯特·弗里德曼（Robert Friedman）领导的我们的政策团队，连同战略与国际研究中心和麻省理工学院一起，在阿尔弗雷德·P. 斯隆基金会的资助下，启动了一个项目，项目前后共花了 20 个月的时间，举办了一系列研讨会和公开讨论会，探索了合成基因组学的伦理和社会影响。最后，我们（我是这个研究小组的核心成员之一，其他核心成员还包括乔治·丘奇、德鲁·恩迪、汤姆·奈特和汉密尔顿·史密斯）在 2007 年 10 月以《合成基因组学：治理的可选方案》（*Synthetic Genomics:*

Options for Governance）为题发表了我们的调查结果。

在这期间，我发表了多次公开演讲（我的研究团队中的许多成员也一样），在学术会议上详细介绍了一些论文，同时还要回答来自全球媒体的问题。我们已多次前往国会山向 50 多位国会议员做了简短的报告，我们还给白宫科学与技术政策办公室、中央情报局、美国国家生物安全科学顾问委员会、生物伦理问题研究总统委员会以及国土安全局写过多封信。许多机构，比如美国能源署、国家生物安全科学顾问委员会都已经发布了有关合成生物学的报告。不仅在美国，其他国家（比如英国）关于合成生物学的公开讨论也正在展开。2009 年 7 月，来自一些主要机构和协会的代表聚集在一个由经济合作发展组织、美国国家科学院、英国皇家学会联合主办的研讨会上，一起探讨合成生物学所带来的机会、威胁以及其他一些更宽泛的问题，比如，"合成生物学对人类究竟意味着什么"这样的问题。从任何一个角度来看，关于"创造合成生命意味着什么"这一问题的讨论都将是持久的、全面的和开放的。

多年来，在参加这种讨论的过程中，让我非常吃惊的一点是，由合成基因组学所引发的问题其实很少是真正的新问题。人们很早以前就试图应对合成生命的形式提出的挑战了，其中一个著名的例子就是所谓的"机器人三定律"，它是由科幻作家艾萨克·阿西莫夫（Isaac Asimov）所制定的，并且于 1942 年第一次出现在他的短篇小说《回避》（*Runaround*）中。阿西莫夫的"机器人三定律"是："1. 机器人不得伤害人类，也不得看到人类受到伤害而袖手旁观。2. 机器人必须服从人类的一切命令，但不得违反第一定律。3. 机器人应保护自身的安全，但不得违反第一、第二定律。"阿西莫夫后来还加上了第四条定律，即"零定律"，这条新的定律优先于前面三条定律，它规定：

"0. 机器人必须保护人类的整体利益不受伤害，也不得看到人类的整体利益受到伤害而袖手旁观。"事实上，我们完全可以用"合成的生命形式"一词替代上述定律中的"机器人"，从而把同样这些定律运用于我们改变生命基础机制的努力上。

新兴的技术，无论是机器人学还是合成生物学，都可能是一把双刃剑。今天，关于"两用"技术的争论甚嚣尘上，其中的一个例子是，由美国科学促进会、一批美国大学和美国联邦调查局在 2012 年发表的一份研究报告。这份研究报告是由美国和荷兰的一些研究团队所承担的研究项目引发的，他们确定了能够快速传播的 H5N1 流感病毒的成分。2011 年 8 月，当这些研究团队把自己的研究结果投稿给《科学》杂志和《自然》杂志发表时，这些研究结果激起了人们普遍的不安。最终，这种担忧导致全世界研究这个问题的科学家自愿同意实施一个"自我强加禁令"：中止这些原本旨在了解和控制流行疾病的研究项目，直到他们搞清楚如何安全地处理和交流研究成果为止。

当然，这里的问题是，虽然这类研究能够帮助识别出对人类生命具有最大威胁的病毒，并且能够进一步研究出治疗它们的处方，但是它们所提供的信息也可能会被恐怖分子所滥用。美国国家生物安全科学顾问委员会审查了一系列"两用"技术的影响，并且提出了一个建议：已经提交的有关 H5N1 的论文只有在研究人员把一些关键数据去掉后才能发表。但是，2012 年 2 月由世界卫生组织所主办的一次会议的结论是，这些研究工作带来的好处远大于风险，并表达了对修改论文这种做法的质疑。后来，联邦调查局的一份报告提出了多项建议，试图在推动科学研究的进步与减少风险之间、在科学自由和国家安全之间取得平衡。

联邦调查局的这份报告一开始就指出，在过去的几十年里，创新的两面性已经一次又一次地浮出水面，从而凸显了人们早在阿西洛玛会议上就已经讨论过的那些倡议的重要性，也呼应了 1972 年通过的《禁止生物武器条约》（*Biological and Toxin Weapons Convention*）的要求。我认为，负责任地运用科学创新成果是一个根本性的问题；而且这个问题可以一直追溯到人类智慧刚刚诞生的那个时期，当时人类第一次掌握了"按需生火"的技术。我是用火来烧毁竞争对手的作物呢？还是用来取暖呢？现在，这个问题当然更加突出了，于是每隔几个月，就会出现一次相关的会议，让人们讨论强大的技术所带来的两面性这个难题。

但是，更加重要的是，不要忽视合成生物学研究所带给我们的机会。合成生物学可以帮助我们应对地球这个星球和人类这个种群所面临的一些关键挑战，比如粮食安全问题、可持续能源问题和健康问题，等等。随着时间的推移，在合成生物学方面的研究可能会导致一些划时代的新产品的出现，这些产品将会帮助我们制造出清洁能源，并有助于减少污染；它们能够帮助我们在更贫瘠的土地上种植出农作物；它们能够为我们提供更实惠的农产品，同时也能为我们提供更多的疫苗和其他药品。有些人甚至推测，将来可能会出现智能蛋白质或会编程的细胞，它们能够在疾病位点现场完成自我组装并迅速修复遭到破坏的蛋白质和细胞。

很显然，这种近乎无限的潜力也提出了许多令人不安的问题，尤其是因为合成生物学让生命形式的设计从演化的桎梏中解放了出来，并且开启了新的生命前景。至关重要的是，我们除了对基础技术、科学、教育和政策进行投资以确保合成生物学安全、高效地发展之外，我们还必须提供很多机会以对这个问题进行辩论和讨论，普通公众也必须参与进来。我希望这本书将有助于读者理解合成生物学的最新发展线索，从而为他们参与讨论提供一些背景知识。

当然，安全是最重要的。好消息是，关于安全地使用生物技术和重组DNA技术，已经形成了许多强有力且多样化的规则，它们都是非常到位的，这要感谢至少可以追溯到20世纪70年代的阿西洛玛会议的一系列公开争论。但是，我们仍然必须保持警惕，并且永远也不能掉以轻心。在未来几年内有可能出现的一些东西，它们看上去与我们以前遇到过的东西完全不同，那么我们就将很难判断它们的影响。政治的、社会的和科学的背景在不断发展变化，而且自从阿西洛玛会议后已经发生了极大变化。合成生物学也依赖于一些几乎没有什么生物学经验的科学家的技能，比如说数学家和电气工程师。正如在国际基因工程机器设计大赛中崭露头角的那些合成生物学家（或未来的合成生物学家）努力所表明的那样，该领域已经不再仅仅是高技能的高级科学家们的领域了。知识民主化潮流的出现和开源生物学的兴起、新型生物设计—建造机构BIOFAB在加利福尼亚的成立、简单而实用的重要实验室工具的成熟，已经使得每个人都觉得"把玩"生命的软件变得更容易了，包括那些处于通常的政府部门、商业部门、大学和实验室之外的人。

社会上甚至还出现了一些"生物黑客"（biohacker），他们想不受任何约束地操控生命的软件。理论物理学家和数学家弗里曼·戴森已经做出推测，如果转基因的工具被广泛用于驯养生物技术，那么将会发生什么。戴森指出："园艺大师们会自己动手制造工具包，利用基因工程去培育玫瑰和兰花的新品种。这些工具还会为鸽子、鹦鹉、蜥蜴和蛇的爱好者培育出新品种的宠物。狗和猫的饲养者也将会拥有这些工具包。"

很多人都集中关注这些技术落入"不法分子手中"时的风险。"9·11"恐怖袭击事件、随后发生的炭疽袭击以及 H1N1 和 H7N9 流感大暴发带来的伤害和威胁都告诉我们，必须认真对待这种担忧。随着技术的成熟以及技术变得越来越唾手可得，生物恐怖主义也正变得越来越有可能出现。然而，合成一种病毒并不是一件容易的事情，要想合成一种有剧毒的或会感染的生物，或者把它们变成某种可使用的武器，那就更不容易了。而且，我们在测序病原体上所表现出来的非同寻常的速度已经表明，用同样的技术生产出可以对抗这种威胁的新疫苗也更加容易了。

对我来说，一个值得关注的问题是"生物错误"（bioerror）：一个没有受过系统科学训练的"生物黑客"或"生物朋克"在进行 DNA 操纵时"生产"出来的东西有可能会导致某种严重的附带后果。随着技术的应用越来越广泛，风险也随之增加，我们关于"伤害"的看法也在发生变化。例如，人类活动改变了气候，这种改变从而反过来又影响了我们的生活，这使我们对"自然环境"的理解也发生了变化。

同样的，那些具有"非正常"特征的生物往往会被视为怪物，被视为滥用科学"特权"所得到的产品。这方面最生动的一个例子就是弗兰肯斯坦的故事。不过，需要注意的是，我们的视野一定要开阔，而且要保持很好的平衡感，这是很重要的。尽管我们下意识的反应与那种要求根据"预防原则"（precautionary princple）、进行繁琐严格控制的呼吁可能是一致的（无论"预防原则"这个术语到底指的是什么，但是这个术语无疑已经被严重滥用了），但是我们绝对不能忽视这种技术所拥有的非同寻常的力量给我们这个世界所带来的正面效益。

我认为，在这个领域，过度监管与放任自流同样有害。幸运的是，我并不是唯一认识到这一点的人。从外界对我的研究团队完成的第一个合成基因组的反应来看，我很欣慰地看到，我的观点引起了共鸣。在我们的成果发表之后，生物伦理问题总统委员会在 2010 年 12 月发表了一份题目为《新方向：合成生物学与新兴技术的伦理学》（ *New Directions: The Ethics of Synthetic Biology and Emerging Technologies* ）的报告。这个报告以奥巴马总统的一封信开始，信中强调，从整个社会的角度来看，对这个工作的意义进行深思熟虑的考量是至关重要的，并要在"重要的利益"和"真正的担忧"之间找到一个恰当的平衡点。

生物伦理问题总统委员会由政治理论家、宾夕法尼亚大学校长艾米·古特曼（Amy Gutmann）领导，成员包括一些来自生物伦理学、法律、哲学等人文社会科学领域和自然科学界的专家。在这份报告的结论部分，委员会确定了被认为与新兴技术的社会影响息息相关的五项指导性伦理原则：有利于公共利益、负责任的管理、知识自由和责任、民主商议、公正和公平。委员会的最终结论是，当我们在推进合成生物学发展的过程中，如果上述原则都能够不折不扣地应用于阐明和引导公共政策的选择，那么我们就有理由相信，这个技术是能够以负责任和合乎道德的方式发展起来的。

在对总统的建议书中，委员会表示，政府应主动承担如下责任：对用于合成生物学研究的公共资金进行协调性的评估。政府还应该资助改进风险评估、降低风险、化解相关伦理问题和社会问题的研究，因为公共利益应该是主要目的。特别幸运的是，这份建议书还非常务实，它指出，鉴于该领域还处于萌芽状态，我们要做的应该是以鼓励创新为主，而不能着眼于建立一个充斥着官僚主义和繁文缛节的传统意义上的管制体系；同时，现有的各个机构对这个领域的碎片化监管和指导也应该协调一致起来。

当然，经常会有人提出这样的担忧：会出现某种"低概率的，然而具有巨大潜在影响的事件"，比如创造出一个"末日病毒"（doomsday virus）。考虑到我们对美国本土所遭受的"9·11"恐怖袭击事件仍然心有余悸，这些罕见的、极具灾难性的可能性当然不应该被忽视，但是我们也不应该过于夸大这种担忧。虽然某个人可能有机会获得"危险"病毒的DNA序列，但是要在实验室里把这些病毒成功地培养出来仍然需要花费很长一段时间。不过，该报告也指出，为了监控、限制和控制合成生物体，必要的安全保障措施必不可少，例如，通过加入"自杀基因"、分子"刹车"、"杀戮开关"或者"座位安全带"抑制病毒的生长速度；或者，也可以让病毒无法离开某种特殊的"膳食"，比如某种新颖的氨基酸，来限制它们在实验室外繁殖的能力。正如我们对我们那些"打上了品牌标记"的细胞所做的处理一样，我们需要找到新方法来标记合成生物体。

在更加宽泛的意义上，这份报告还呼吁，我们应该围绕这一新兴技术展开国际对话，举办适当的培训活动，并随时提醒所有从事这个领域的工作人员履行自己的责任和义务，尤其是在生物安全和生物多样性的管理、生态系统和食品供应等方面。虽然这份报告鼓励政府支持自律文化，但是它同时也敦促必须对那些"自己动手型"合成生物学家在某种"体制外环境"中进行合成生命的可能性保持警惕。任何一个用批判性的眼光看待合成生物学的人都不得不面临的一个问题是，这个领域的发展实在太快了。因此，对这个技术的评估应该实行一种"滚动式审查"的方式，而且我们应该准备好，在必要的情况下随时推出新的安全和控制措施。

这份报告指出，如果承认民主制度，那么就要承认社会必须直面并接受合成生物学家的愿景；同时，这份报告还呼吁，科学界、宗教界和普通公民都要参与进来，主动学习和接受合成生物学知识，并积极参加关于合成生物学的承诺和风险的公共讨论，而不要满足于一些博客写手和新闻记者提供的只言片语的零碎信息，这些作者的报道往往是不公正的、不全面的，甚至可能会为了哗众取宠而歪曲事实（例如，他们一个老掉牙的批评是，合成生物学家在"扮演上帝的角色"）。我也认为，我们必须努力工作，认真倾听公众的心声，并且时刻保持警惕，这样才能赢得公众的信任。

无论如何，这个世界上总会存在着一些勒德主义者（Luddites，原 19 世纪英国的一群技术熟练的纺织工人，他们抗议随工业革命而来的机械化导致的失业，后来这个词泛指那些反对技术进步的人），他们认为我们根本不应该走上这条道路，他们希望我们不要再去努力创造合成生命，甚至要求我们彻底放弃这种"颠覆性技术"。1964 年，机器人开始兴起，大量争议随之爆发，艾萨克·阿西莫夫对此给出了一个非常明智的评论，他的这个评论同样适用于现在兴起的重新设计生命的潮流："知识有其危险性，是的，确实如此。但是难道我们的反应就只能是大步后退，不再追求知识吗？我们应该看到，我们运用的知识本身就构成了一道足以隔绝它所带来的危险的防火墙。在考虑了这些问题之后，在 1940 年，我写出了我自己的机器人的故事——但那是一个新型的机器人的故事。我的机器人从来不曾毫无缘由地、愚蠢地背叛创造它的人，从来没有。一切都只是为了阐明浮士德式的罪与罚。"

我最害怕的并不是技术的滥用，而是我们根本就不会使用任何技术；我最害怕的是当我们这个星球上人口越来越过剩、环境越来越恶化时，我们却放弃了一个很好的机会。如果我们放弃了一项技术，那么我们也就放弃了利用它来改善和拯救生命的可能性。不作为的后果可能比不能正确使用技术的后果更危险。

我可以预见到，在接下来的几十年里，我们将会见证许多极其有价值的合成生物学成就，比如，能够抵抗干旱的作物，能够抗疾病并在贫瘠的环境中茁壮成长的作物，能够提供丰富的蛋白质和其他营养物质的作物，能够在恶劣和干旱的地区进行水的净化的作物。我还可以想象到，我们将会设计出一些简单的动物生命形式，它们能够提供新的营养物质和药品来源，能够定制人类干细胞用来修复受损的、老迈的或患病的身体。当然，还会出现许多新的方法，它们能够提高人体机能，比如提升我们的智力，使我们能够适应更加恶劣的环境，让我们更快地恢复劳损的肌肉活力，等等。

因此，让我们把关注的重点放在那些影响人类的全球性问题上吧。现在，许多非常严重的问题正威胁着我们这个脆弱而拥挤的世界。我们都知道，这个星球很快就会成为90亿人一起生活的共同家园；我们还知道，在这个星球上，如食物、水和能源等基础资源正在快速耗尽；我们也知道，这个星球正在被一个可怕的"幽灵"所困扰，那就是不可预知的、毁灭性的气候变化。

10

造福人类的"生命瞬间转移"

文特尔正在完善一种技术，它可以让我们以电磁波的形式发送数字化的DNA密码，然后在一个遥远的地方用一种独特的方法来接收这些数字化的DNA密码，从而重新创造生命。从目前来看，"生命瞬间转移"技术的最新应用，可能是流感大暴发时的疫苗分发，或者用噬菌体疗法对付"超级细菌"。

LIFE AT
THE SPEED
OF LIGHT

我先是听到了刺耳的"咔嗒"声，然后那个人就消失了。我惊奇地看着挑战者。天呐！教授，你触动了那台机器了吗？

——阿瑟·柯南·道尔，《崩解机器》

许多最伟大的、最具革命性的想法，从登陆月球的火箭到隐身术，都已经被写进了神话、民间传说，当然还有科幻小说中去了。我们正在努力完成的一个创举也是如此。

我们试图根据我们自己对生命的软件的理解，远距离传输数字生命信息并创造出活的有机体，或者创造出活的有机体的组成元件，我们可以把它们从地球上的一个地方传输到另一个地方，或者从我们这个星球传输到另一颗行星，或者甚至传输到太阳系之外的更加遥远的星球。

瞬间转移，人类永恒的梦想

建造瞬间传输机这个设想已经由来已久了。把人或物体在一个地方拆解掉，然后在另外一个地方进行重新组合，这种想法是由于吉恩·罗登贝瑞（Gene Roddenberry，1921—1991）在 20 世纪 60 年代拍摄的电视连续剧《星际迷航》（*Star Trek*）而得以普及开来的。“斯科特，传送我吧。”这是剧中一句经典台词。不过，有意思的是，罗登贝瑞之所以要使用这个“传输机”，是为了解决他面对的一个非常棘手的问题：他缺乏足够的预算，无法在每个星期都要播出的电视剧集拍出飞船起降的画面，因此只能让飞船“呼”地一下，从这里传输到那里了。同样是在 20 世纪 60 年代，英国的电视观众也看到了《神秘博士》（*Doctor Who*）和博士的 TARDIS（“time and relative dimension in space”的缩写，字面意思是“时间和空间上的关联维度”），那是一个蓝色的伦敦警察岗亭，它能够把乘客“传输”到任何时间和任何空间。

当然，瞬间转移的想法最早并非起源于《星际迷航》或《神秘博士》，事实上，很多世纪以前，这种思想就已经出现在各种文学作品中了。《一千零一夜》（*One Thousand and One Nights*）是一本民间传说故事集，它于伊斯兰黄金时代编辑而成，并于 1706 年以英文出版，在这本书中，精灵（神灵）能够把他们自己或者物体瞬间从一个地方运送到另一个地方。阿瑟·柯南·道尔（Arthur Conan Doyle）的小说《崩解机器》发表于 1929 年，它描述了一台能够拆解和重组物体的机器。许多幻想家和科幻作家一直都在探索瞬间转移，包括艾萨克·阿西莫夫的《如此美好的一天》（*It's Such a Beautiful Day*）、乔治·朗兰（George Langelaan）的《变蝇人》（*The Fly*）、J.K. 罗琳（J.K.Rowling）的《哈利·波特》（*Harry Potter*）和斯蒂芬·杰·古尔德的《心灵传输者》（*Jumper*）。虽然这些故事中所表现出来的瞬间转移纯属虚构，但是"量子隐形传输"（quantum teleportation）的概念却是非常现实的，这一概念由迈克尔·克莱顿在他1999年出版的小说《时间线》（*Timeline*）里介绍给广大读者，这部小说后来被拍成了电影。

量子隐形传输的概念当然还可以追溯到比这些小说更早的时期，在某种程度上说，它是在薛定谔两个最有影响的同行，对原子世界的理论（量子理论）的思想分歧的基础上产生的。这两位物理学家，一位是爱因斯坦，他不喜欢量子理论这种"奇怪的接受现实的方式"；另一位是尼尔斯·玻尔（Niels Bohr，1885—1962），他是丹麦人，被称为"原子物理之父"。1935年，在争论过程当中，爱因斯坦在一个思想实验的帮助下，使量子理论一个令人费解的特点突显在世人面前，这个实验是他与同事鲍里斯·波多尔斯基（Boris Podolsky，1896—1966）和内森·罗森（Nathan Rosen，1909—1995）一起设计的。

他们首先注意到，量子理论不仅适用于单个原子，而且还适用于由原子团组成的分子。例如，包含有两个原子的分子能够用一个被称为波函数的数学表达式来描述。爱因斯坦意识到，如果你远距离地分隔开这些组成原子，甚至将它们放置于宇宙的两端，它们仍然能够用同一个波函数来描述。用专业术语来说，它们是相互"纠缠"的。半个多世纪以后的1993年，IBM的查尔斯·H. 班尼特（Charles H. Bennett）和其团队认为，实际上在每一对纠缠原子之间都存在着一条"量子电话线"，不管相互之间隔着多远的距离，这条"量子电话线"都能够把一粒原子的所有细节（量子态）"瞬间转移"到另一粒原子上去，而无须知道它的状态。这也就意味着，未来或许可以制造出一种能够传送原子数据的传输机。后续的实验研究证明，这种可能性确实是存在的。就在我撰写这本书的时候，就出现了一个远距离量子隐形传态的记录，一个国际研究团队利用欧洲航天局设在加那利群岛的光学地面站重现了相隔 143 公里之外的一个光粒子的特点。这个实验让我们看到了在拉帕尔玛岛和特内里费岛之间的光粒子状态（即光子）的瞬间转移。

隐形传输（瞬间转移）还有另外一个巨大的潜能：它有可能使一种新型计算机（量子计算机）的运行速度和解决问题的速度比现在的计算机快上数百万倍。1998 年，一个来自加州理工学院的团队报告了他们的一项实验研究成果，那是关于光束的量子态隐形传输的第一个实验证据。他们的量子态隐形传输是在单个光子之间、光子与物质之间以及单个离子（带电原子）之间实现的。随后，2012 年，第一个宏观物体的隐形传输也实现了——这一物件大到足以让人的肉眼看到。这次传输发生在两个原子系统之间，每个原子系统都由大约 1 亿个铷原子组成，每个原子系统的长度大约为 1 毫米，它们由一条 150 米长的光纤连接着。这个研究团队是中国科技大学现代物理系微尺度物理学国家实验室的潘建伟教授领导的。这个研究团队告诉我们，这项技术可以用于在未来的量子计算机和网络之间传输和交换信息，从而催生了有关"量子互联网"的推测。

不过，尽管这些进展都给我们留下了非常深刻的印象，但是真正实现隐形传输（就像《星际迷航》中那样）仍然只是一个相当遥远的前景。在接受《科学美国人》杂志采访的时候，加州理工学院的 H. 杰夫·金布尔（H. Jeff Kimble）应邀澄清了关于隐形传输的最大误解（金布尔是隐形传输的开创者之一，他在 1998 年完成第一个隐形传输实验）。他指出"认为物体本身被传输，这是一个误解。我们不会把物质材料发送出去。如果我想要送你一架波音 757，我可以把所有的零部件发送给你，或者我也可以送给你一张囊括了所有零部件细节的蓝图。送一张蓝图显然更容易。隐形传输是一个有关如何把一个量子状态（波函数）从一个地方发送到另一个地方的协议。"如果要成功地瞬间转移一个人，那么你需要有关他的原子的大约 10^{32} 比特的信息。

但是，当然，正如金布尔所暗示的，你可以传送数字化的指令或软件。一个人类基因组大约只含有 $6×10^9$ 比特的信息。我的团队正在完善一种技术，它可以让我们以电磁波的形式发送数字化的 DNA 密码，然后在一个遥远的地方用一种独特的方法来接收这些密码，从而重新创造生命。这是粒子类型的两个基本域之间的传输。我们现在已经知道，地球上所有生命都是基于化学物质的系统，这些生命系统中的每个结构成分——DNA、RNA、蛋白质、脂质和其他分子——都是由不同的化学元素（碳、氢、氧、铁，等等）的个体原子所组成的。这些元素和它们自身的构建模块或构件（例如，绕原子核轨道运行的电子和组成原子核的夸克）统称为"费米子"（fermions）。费米子得名于伟大的科学家恩里科·费米（Enrico Fermi，1901—1954），这个术语是由英国物理学家保罗·狄拉克（Paul Dirac，1902—1984）创造出来的。希拉克"因发现了原子理论中非常有用的新形式"而与薛定谔一起分享了 1933 年的诺贝尔物理学奖。另一类则统称为玻色子，它包括希格斯粒子和所有传递作用力的粒子，尤其是胶子、W 和 Z 玻色子、光子以及电磁波类物质。费米子和玻色子之间的主要区别在于一种被称为"自旋"（spin）的量子特性。按照定义，玻色子是整数自旋的，而夸克、电子和其他费米子都是半整数自旋的。这就导致它们在行为上出现了巨大的差异。费米子与所有化学过程有关，因而也与生物学有关。

当我们能够通过对一个基因组进行测序来读取它的遗传密码时，我们也就是在把 DNA 的物理代码转换为数字代码，而这个数字代码能够转变为可

以实现光速传输的电磁波。哈佛大学生命起源学会主任迪米塔尔·萨塞罗夫
（Dimitar Sasselov）是把我的注意力引向这个技术的人，对于这种技术是如何
将粒子系统的两大领域联系起来的，萨塞罗夫这样说道：

> 正如我们所知道的那样，在历史上，我们这个星球上的生命看起来源
> 于一种费米子现象——它的所有结构都是由费米子构成的。在 DNA 分子
> 中被编码的信息都是在费米子的帮助下被编码的，也是在费米子的帮助下
> 被读取出来的。我们今天所拥有的用数字形式来表示信息、并利用电磁波
> 进行传输的能力（以光速！），标志着从单纯的费米子到玻色子的生命
> 转变。

在合成基因组公司（Synthetic Genomics, Inc，SGI）中，我们已经能够把数
字化的 DNA 编码输入到一个软件程序中了，让它自动地"想清楚"如何完成
在实验室中重新合成序列的工作。在这种重叠 50 ~ 80 个碱基对的寡核苷酸的
自动化设计程序中，还可以添加独特的限制性位点和水印，然后将它们输送到
集成的寡核苷酸合成器中。这个合成器将会快速地生产出寡核苷酸，它们会利
用我们的吉布森组装机器人自动地合并，然后把它们组装起来。

虽然与 40 年前相比，寡核苷酸的合成已经能够以显著提高的精确度进行
了，但是在这个过程中仍然很容易出错，会产生一小部分意料之外的 DNA
序列，差错的数量则通常与需要合成的 DNA 片段的大小相关。在组装标准
寡核苷酸的过程中，合成错误率通常为每千个碱基对中有一个错误。这是一
个意料之中的错误率，如果在组装过程的初期，寡核苷酸的错误不被剔除掉
（例如，在克隆和测序阶段或在使用纠错酶的时候），那么即使不是全部都有
错误，大多数含有 10 000 个以上的碱基的 DNA 片段也将都包含错误。为了
解决这个基础性问题，我们已经想出了一种新方法，它应该能够为高精确度

的 DNA 合成铺平道路。

随着寡核苷酸的组装以及聚合酶链式反应的扩增，我们能够利用一种叫作核酸内切酶的酶把任何含有错误序列的 DNA 删除。这种特殊的生物机器人是我们通过使用一种叫作"原型"（Archetype）的软件系统发现的。这个软件系统是由合成基因公司的托比·理查德森（Toby Richardson）和他的团队为存储、管理和分析生物序列数据而开发出来的。"纠错"过程开始于变性和退火被聚合酶链式反应扩增的 DNA，结果使得它形成了双链 DNA。少数的双链 DNA 分子在每个位置上都包含正确的 DNA 序列，因而被核酸内切酶所忽略。然而，在 DNA 中还会出现替代物、缺失部分或者插入物，所有这些有错误的 DNA 以及被称为异源双链 DNA 的碱基对错配的双链 DNA，都会被核酸内切酶识别出来并裂解。

"完整的分子比经过内切酶消化的 DNA 能够更有效地扩增"这个事实意味着，我们可以使用第二个聚合酶链式反应来提高无错误的合成基因片段的百分比。这种方法通常会形成更低的错误率，其合成碱基对的错误率通常低于 1/15 000，并且通过执行额外的几轮纠错过程能够进一步提高正确率。在目前这个阶段，我们已经生产出了足够精确的 DNA 分子，它能够凭借自身的力量制造出最终产品，比如 DNA 疫苗（DNA 被引进体内细胞以制造疫苗蛋白）。它的潜力几乎是无限的。利用合成 DNA，我们最终将有可能创造一切形式的生命。

运用由马歇尔·尼伦伯格在 20 世纪 60 年代首创的一种体外无细胞蛋白质合成技术，合成 DNA 构件现在已经能够在自动化系统中生产蛋白质了。只需把来自噬菌体或病毒的 DNA 引入到一个受体细菌细胞内，它便会在受体细菌细胞内接管该细胞的蛋白质和 DNA 合成机器，从而制造出更多的自身的副本。

快速提供疫苗

有的时候，当一种像"生物传送器"这样的技术正在从一个想法具体化为某种现实的东西的过程中，我们是很难看清楚它破土而出的潜力的。激光就是如此，起初，它是被作为一种寻找问题的工具来看待的。但是，我认为我们现在已经可以感知到，将生命的软件转化为光的这种能力将会给我们的未来带来巨大的影响。试想，当我们有能力在不到 1 秒的时间内就可以把 DNA 代码发送到地球上的任何地方、然后用它来治疗大大小小的疾病时，各种各样的可能性大门都将打开。这种信息可以用来编码一种新的疫苗、一种蛋白质药物（如胰岛素或生长激素）、一种噬菌体以对抗因抗性菌株所引起的感染，或一个新的细胞以生产治疗剂、食物、燃料或清洁的水。当这种技术与家用合成器结合在一起时，它将可以为每一个人提供量身定制的治疗方案，这样的治疗方案能够充分适应患者的遗传特征，实现副作用最小化。

就目前而言，最显而易见的直接应用是，在出现流感大暴发的情况下分发疫苗。最近宣布的一次流感大暴发是在 2009 年 6 月 11 日，当时世界卫生组织宣布甲型 H1N1 流感（猪流感）在时隔 40 余年后又一次重新开始大流行，这引起了旨在解决重大公共健康威胁的各种组织的反应。结果，国际上出现了有史以来最迅速的全球疫苗开发竞赛。在短短的 6 个月内，数百万计的疫苗被生产出来了，它们被分发到全世界各地。这一事件也证明了，全世界的公共机构和私人机构是能够被快速动员起来的，而且它们有能力相互合作。

但是，尽管有了如此空前快速的反应，效果仍不尽如人意（速度不够快）。大量的有效疫苗都是在病毒感染出现高峰之后的两个月才被送到普通人手中的，这就意味着大部分人在高峰期已经暴露于高传染性的病原体之下了。虽然死亡率相对较低，但是由于数量庞大的人口暴露在病毒之下，还是导致了大量的死亡事件。大约有 250 000 人死于甲型 H1N1 流感，而且，由于这种流感的性质，其中死亡的大多数人都是年轻人。假如这种病毒更具致病性，且疫苗供应的时间更为滞后一些，那么有可能会导致更加严重的健康危机。在受到感染的城市，很有可能会出现人群冲突、秩序混乱和社会崩溃的灾难性后果。

在一个世纪之前，就曾发生过这种严重的致病性流感病毒横扫全球的事情，它导致了一个极其巨大的灾难性后果。在 1918—1920 年的流感大暴发期间，全世界的死亡人数（大约为 5 000 万）比在第一次世界大战期间死亡人数还要多。有一位医生表示，这是"有史以来所见到过的最恶毒的肺炎"。由哈佛大学的克里斯托弗·默里（Christopher Murray）所带领的一个研究团队利用那次流感大暴发期间的死亡数据进行了模拟研究，他们在发表于《柳叶刀》杂志（Lancet）上的一篇文章中预测，如果类似的流感大暴发发生在今天，那么在一年内死亡人数将会达到 6 200 万（其中 96% 来自发展中国家）。近期发生的甲型 H1N1 流感大暴发事件，也是一个非常清晰的信号，它告诉我们，迅速向人们派发疫苗是至关重要的。

合成基因组公司和 J. 克雷格·文特尔研究所已经宣布，它们与诺华公司（Novartis）签订了一项为期三年的合作协议，运用合成基因组学工具和技术来加速生产流感种子菌株。种子菌株是病毒的发酵剂，它是一种活的基准病毒，是生产出更大量的疫苗病毒的基础。这次合作也得到了美国生物医学高级研究与发展管理局的支持，该机构还专门为此颁发了一个奖项。我相信，这种努力最终能够让我们更有效地应对季节性流感和流行性流感的暴发。

目前，诺华公司以及其他疫苗公司依靠世界卫生组织来鉴定和发放种子病毒。为了加快进度，我们使用了一种叫作"反向疫苗学"的方法，这种方法是由诺华公司的里诺·瑞普莱（Rino Rappuoli）提出的，它最早用于脑膜炎球菌疫苗的开发。其基本思路是，流感病毒完整的致病基因组能够通过使用生物信息学方法筛选出来，在此基础上，我们就可以识别和分析它的基因了。接下来，我们可以选出特定的基因，对付作为疫苗目标的特定的属性，如外膜蛋白。这些蛋白质要通过免疫反应的常规测试。

我的研究团队已经对自 2005 年以来出现过的全部有代表性的多种流感病毒进行了测序。我们还完成了对许多从人流感中分离出来的流感病毒的完整基因组的测序工作，我们也有选择地对一些来自禽类和非人类的有可能会演变为发生流感大暴发的流感菌株的基因组进行了测序，并获得了许多非常有价值的信息。这些菌株已被选定用来代表具有广泛的地域和年代分布的许许多多亚型。在通力合作下，诺华公司和合成基因组公司已经建成了一个构建合成种子病毒的"银行"，一旦世界卫生组织确定了会传染的流感病毒菌株，种子病毒随时都可以投入生产。这项技术可以将生产疫苗的时间整整缩短两个月，在流感大暴发时，这种能力将会给我们带来非常重大的利益。

标准的流感疫苗制造是一个非常耗时的过程。菌株选择是一个严重影响速度却十分重要的步骤——世界卫生组织和总部位于亚特兰大的美国疾病控制中心先确定传染性的病毒株，并就创造特定的流感种子病毒而提出全球性的建议；另一个对疫苗生产速度有严重影响的步骤是生产出实际产品所需的时间。传统的疫苗生产方法依赖于在已受精的鸡蛋中培养出来的病毒。整个生产过程大概需要 35 天的时间，其中包括测试和分发基准病毒、在鸡蛋中与标准基准病毒共同感染以及分离和纯化种子疫苗。与此形成鲜明对照的是，利用最新的合成生物学知识，采用基于细胞的疫苗生产技术，并且通过引入激动人心的"数字—生物转化"的概念，我们和诺华公司在不到五天的时间里就制造出了质量更好的疫苗。

这种疫苗是建立在病毒包膜蛋白血凝素（HA）的基础上的，它能够形成使流感病毒附着在目标细胞上的"钉子"。这种疫苗还基于神经氨酸酶（NA），它能够在病毒粒子的表面上形成球状的结构，并促使它们释放出受感染的细胞，从而使病毒得以传播。一旦高精确度的合成蛋白血凝素和神经氨酸酶基因被生产出来，下一步要做的就是，通过在流感基因组中把蛋白血凝素和神经氨酸酶与其他少数基因结合起来的方式来"拯救"完整的疫苗种子了——我们已经有了相应的软件，可以制造出所需的 11 种蛋白质。2012 年，经美国食品和药物管理局的批准，我们使用一种反向遗传学方法，用诺华公司的巴西马 - 丁达比狗肾（Madin-Darby canine kidney，MDCK）细胞系取代鸡蛋来制造流感疫苗。具体流程是这样的，先让细胞感染上编码了相关基因的线性合成"卡带"。流感病毒在转感染后的 72 小时内就能在细胞培养介质中被检测出来。然后，符合我们要求的病毒株就能够被分离出来，进一步增殖，并最终被用作疫苗种子。

2011 年 8 月 29 日，我们进行了一次概念验证测试，目的是证明这种合成疫苗种子生产流程的极强能力和高度稳健性。时间的计算从由美国生物医学高级研究与发展管理局和美国疾病控制中心提供的低致病性北美 H7N9 禽流感流感毒株中的蛋白血凝素和神经氨酸酶基因序列到位开始，寡核苷酸的合成是在当日上午 8 点开始的，到 9 月 4 日中午就结束了，从整个过程的开始到种子病毒被制造出来正好经过了四天零四小时。而且，在最初这个概念验证测试完成后，同样的过程已经成功地"复制"了好多次，涉及多个流感病毒株和亚型，包括 H1N1、H5N1 和 H3N2。直到我写的这本书杀青为止，我们还没有遇到过什么菌株是不能以合成的方式被组装和生产的。而且，更加可喜的是，2013 年，我们的 DNA 组装机器人在没有任何人工干预的情况下制造出了 H7N9 基因。

合成流感疫苗项目目前已经进入了下一个重要的发展阶段。快速而有效的疫苗种子的生产，再结合对病毒演化发展的理解，为预防流感的大暴发的发生提供了一个全新的机遇。流感病毒是动态性的，不断地发生着变化，这种动态性和变化性是通过以下两种基本形式表现出来的：抗原漂移和抗原转变。抗原漂移通常是指由基因组发生突变导致的抗原小幅度的、渐进的变异，是通过在含有制造主要表面蛋白的血凝素和神经氨酸酶的两种遗传物质的基因发生点突变而引起的。抗原转变是指那种产生新型流感病毒的突然的、重大的变化，它或者是通过动物（比如猪或鸟类）直接传递给人类，或者是通过基因混合再感染人类——例如，人流感 A 型和动物流感 A 型病毒的基因出现混合后，会通过一种叫作基因重组的过程"创造"出一种新型的人流感 A 亚型病毒。通过监测和分析流感病毒株的转变和新出现的菌株，我们就可以开始准备预测菌株，而不用等到流感病毒大暴发的时候才仓促地进行应对了。对于那些具有潜在威胁的菌株，我们可以提前制造出疫苗种子，并且把这些疫苗种子保存在病毒种子库中，需要时随时可以拿出来使用就可以了。

为下一次疾病的大流行做好充分准备正在顺利地进行中。当前，一个包括过去的流感序列数据、抗原变异和菌株生长特性的全面数据库也正在建设当中，在这个数据库当中，现在已经拥有了几乎 66 000 个菌株序列和

33 000 个成对的抗原数据。我们还开发出了一些先进的算法，它们被用来预测一些随时间而发生变化的循环病毒亚群，进而预测出最好的疫苗（和候选疫苗）菌株，而且能够提高菌株选择时的预测可靠性。

通往先进的、基于合成的流感疫苗的另一个关键步骤是，利用大规模生产来整合和扩大合成疫苗种子，使疫苗能够进行商业化生产。诺华公司正在开始让它变成现实——这将对我们应对全球性流行疾病的方式产生巨大的影响。随着速度、易用性和准确性的提高，利用合成技术能够高效率地生产出高效力的流感疫苗种子，因此，对未来可能发生的流感大暴发，我们将不仅能够更快速地做出反应，而且还能提供更加可靠的流感疫苗。

快速提供噬菌体

虽然疫苗是预防流行病的最佳手段（而且合成生物学还能帮助我们使之变得更加有效），但是我们现在仍然面临着另一个重大威胁——感染。作为人类与疾病抗争的最重要的武器之一，抗生素现在已经迅速地变得力不从心了。英国微生物学家亚历山大·弗莱明（Alexander Fleming，1881—1955）于 1928 年偶然发现了青霉素。随后，澳大利亚的霍华德·沃尔特·弗洛里（Howard Walter Florey，1898—1968）、德国的恩斯特·鲍里斯·钱恩（Ernst Boris Chain，1906—1979）和英国生物化学家诺曼·希特利（Norman Heatley，1911—2004）开发出了一种大量生产这种药物的方法，自那之后，我们人类与微生物之间历史悠久的战争终于"停火"了。弗莱明、弗洛里和钱恩因为他们影响深远的成果而分享了 1945 年的诺贝尔医学奖。在过去的 80 年里，抗生素已经被广泛用于治疗各种曾经致命的传染性疾病，挽救了数百万人的生命，并被广泛使用于外科手术中——请你想象一下，在没有抗生素的情况下摘除阑尾，你敢不敢？更不用说进行心脏、肾脏或臀部手术了。

自从问世以来，抗生素通过与它们各自所针对的目标细菌进行抗争，这个药物大家族对延长人类的寿命发挥了巨大的作用，但是，自从青霉素被广泛用于治疗在第二次世界大战中的伤兵之后不久，细菌就开始演化了——它们开始"学会"了抵御这种通用的抗生素的方法。受到艾弗里、麦克劳德和麦克卡提于 1944 年发表的认定 DNA 为"转化因子"的开创性文章的启发，威斯康星大学的乔舒亚·莱德伯格设计了一个非常精巧的实验，深入细致地观察了细菌是如何摆脱某种特定的抗生素的。乔舒亚·莱德伯格是与他的妻子埃丝特·莱德伯格（Esther Lederberg）一起进行研究的，他们发现，细菌菌株对青霉素的耐药性在青霉素作为一种药物之前就已经自然存在了，这个重要成果以及其他一系列重要成果，使莱德伯格最后获得了诺贝尔奖。

抗性菌株使用范围很广泛的多种蛋白质来中和抗生素的作用。四环素和链霉素等抗生素把自己绑定到核糖体的特定区域以破坏蛋白质的合成，但是微生物已经演化成功的一种抗药性的方式恰恰就是，制造出它们无法绑定药物的核糖体。有些微生物已经演化出了"外排泵"（efflaXpump），这是一种蛋白质，它能够在抗生素发挥作用之前把它驱除出去。一些耐药性菌株把自己隐藏在防渗透细胞膜中。其他微生物甚至能够"吃"掉抗生素。对付抗生素的机制五花八门，有些甚至已经可以称为"抗性酶"了。

由于细菌分裂的速度是非常快的，所以任何一个耐药菌株都能够快速就控制一个种族。它们还利用另一种机制来传播它们的耐药性：它们能够以一种叫作"横向基因转移"的过程交换自己的 DNA 软件，这个过程也叫"水平基因转移"。莱德伯格揭示了，它们能够通过一种细胞与细胞的接触或桥状连接的方式来做到这一点；而且它们是在分子水平上交换含有几种抗生素抗性基因的质粒的。如果这种转移成功了，那么就会诞生一种超级病菌。

耐药菌的出现和演化或许是不可避免的，但是真正不幸的是，它们主要是"感染控制"的匮乏所引起的，其中大部分都可以归因于卫生状况和洗手习惯（不讲究卫生和不洗手引起感染）。另外，这种抗药性的产生也是由于滥用抗生素所引发的，滥用抗生素的例子包括：在农牧业中滥用抗生素；在治疗如普通感冒这样的病毒性感染时滥用抗生素；在治疗过程当中用药不足；在肥皂或其他同类日用品中过度使用抗生素。如果这还不够糟糕的话，那么更糟糕的情况是，目前的市场状况无法激励制药公司去努力开发新型的抗生素。抗生素类药物不像心脏类药物和其他药物一样，它们用药时间只能持续大约一个星期。这种无情的耐药性的产生意味着抗生素类药品注定在使用了一段时间后会变得无效，因此一种新的抗生素的保质期是非常有限的。

这是达尔文进化论的一个极具说服力的例子，当然，这同时也是一个令人沮丧的消息：抗生素的黄金时代可能即将结束了。我们可以举出无数个与耐药性问题相关的例子：在医院病房里，一个"怎么赶也赶不走"的死缠烂打的"家伙"是耐甲氧西林的金黄色葡萄球菌，这种细菌非常顽固，甚至对万古霉素也有完全的抗药性，而万古霉素常常被标榜为是治疗的最后一道防线。在过去的几年里，这种因"超级细菌"而引发的恐惧已经一次又一次表现了出来。我们可能会面临回到一个抗生素之前的时代，那时人类死亡的最大原因是由细菌引起的疾病。地方医院是感染细菌的温床，但是如果你真正想治愈自己，那么医院就应该是你最后才愿意去的一个地方。

对此，基因组学能够起到很大的作用。我们可以绘制出一幅超级病菌崛起的图谱，从而了解到它是如何对抗抗生素的，并找到新的目标药物。我们也可以借助于合成基因组学来生产出替代抗生素的药物。我们目前正致力于研究的一种方法是，重新起用一种被称为噬菌体疗法（phage therapy）的抗菌治疗方法，在这种疗法中，针对某一特定细菌菌株的噬菌体被用来杀死微生物。每隔几天，地球上就会有一半的细菌被噬菌体杀死。我们真的能够借助于它们的力量来对抗超级细菌吗？

噬菌体的数量比细菌多出 10 倍，而且是早在 100 年前就已经被发现了（很可能是由两个人分别独立发现的）。英国科学家弗雷德里克·特沃特（Frederick Twort, 1877—1950）在 1915 年首次把噬菌体识别了出来。特沃特是一个特别博学的人，他能够制作小提琴、收音机以及许许多多其他东西，他还试着培育出了英国最大的甜豌豆。法裔加拿大微生物学家费利克斯·迪海莱（FéliXd'Herelle, 1873—1949）也在 1917 年谱写了一个关于噬菌体的故事，他还首次使用了噬菌体（"细菌的捕食者"）这个术语来描述它们。不过迪海莱认为，特沃特所描述的现象是一种完全不同的情况。迪海莱猜测，噬菌体在治愈痢疾方面发挥了重要作用，他认为噬菌体有潜力去对抗感染，并于 1919 年进行了第一次人体试验。为了验证噬菌体的安全性，迪海莱和他的同事在自己身上注射了大剂量的噬菌体制剂，随后，他们把稀释后的噬菌体制剂注射进了一个患有严重痢疾的 12 岁男孩的身上，这个男孩在几天内就痊愈了。

迪海莱的研究有助于解释一个令人费解的现象：水里到底藏了什么东西？比如说，在印度，从污水横流的恒河和亚穆纳河中发现的那些东西是不是在为霍乱提供庇护所？现在答案已经很明确了。在每一滴河水或污水当中都包含着数以百万计的噬菌体。到了 20 世纪 30 年代，在欧美一些公司生产出噬菌体鸡尾酒来治疗许多感染性疾病。当时，在这个领域，最出色的实验室有两个，一个是在法国的迪海莱实验室，另一个是他于 1923 年在格鲁吉亚苏维埃共和国的第比利斯与当地机构联合创办的实验室。该实验室是以它的联合创始人、格鲁吉亚噬菌体研究专家乔治·艾莱瓦（George Eliava，1892—1937）的名字命名的，即艾莱瓦噬菌体、微生物学和病毒学研究所。

到了 20 世纪 30 年代中期，虽然经历了热烈炒作，但是希望噬菌体疗法能够终结细菌性疾病的愿意最终未能实现，而且由于缺乏标准化的材料，任何有关它的疗效的证据都被蒙上了阴影。在这十年中，美国医学协会对这种治疗方法进行了猛烈的批评，但是由于它对处于生死边缘的人们所做出的贡献，一些基础研究人员继续痴迷于对噬菌体的研究。其中一个重要的标志是，阿尔弗雷德·赫尔希和萨尔瓦多·卢里亚（Salvador Luria）与马克斯·德尔布吕克甚至一起成立了"噬菌体教堂"，专注研究噬菌体的生物复制与遗传机制。

在第二次世界大战中，噬菌体疗法也曾经在苏联军队和德国军队中使用，但是随着抗生素的兴起和战争的结束，在西方，它在战后都遭到了质疑。德尔布吕克"教堂"的一位门徒冈瑟·斯腾特（Gunther Stent）在 1963 年写道："作为医学史上的一个'古迹'，噬菌体疗法如今已经被公认为过时了。但是，为什么这些噬菌体在体外时，其抗菌性表现为有剧毒的，而在活的有机体内却被证明是无毒的，这一点从未得到充分的解释。"

一个原因是，噬菌体的历史——它与你所能想到的许多东西的历史一样——"充斥着政治性、个人意气之争以及许多其他不为人知的冲突"。但是，更加重要的一个原因是，它还必须等待时机：只有当更现代的科学方法出现之后，才能改进这种治疗方法。幸运的是，到 1991 年，艾莱瓦研究所仍然为新独立的格鲁吉亚提供噬菌体，一些重要的研究工作也由在波兰弗罗茨瓦夫的卢德维克·赫兹菲尔德免疫学和实验疗法研究所的科学家们坚持了下来。如今，当微生物继续随心所欲地进行变种与抗生素展开军备竞赛时，许许多多研究人员，也包括我的研究团队，正在重新评估利用噬菌体来对抗细菌感染的现实可能性。

传统的抗生素会通过杀死我们身体内大量的"友好"细菌而导致附带损害，比如，它们会杀死那些能够让我们更好地消化食物的细菌，而噬菌体却与这些传统抗生素不一样，它很像"分子智能炸弹"，能够精准地只针对某一个或几个菌株或细菌亚型。我们现在已经拥有了这些微生物搏杀机制的详细图片，从中可以看出它们是如何攻击因外科手术而感染上的某一类细菌的。就拿 T_4 噬菌体来说吧，这个领域中的许多先驱者，从马克斯·德尔布吕克和萨尔瓦多·卢里亚，到詹姆斯·沃森和弗朗西斯·克里克，都曾经对它进行过研究。在它的基因组的 169 000 个碱基中，包含了所有感染和破坏微生物大肠杆菌的必要指令。

通过测量得知，T_4 噬菌体大约为 90 纳米宽、200 纳米长，与其他的噬菌体相比，它显得更大一些，而且看起来像是一个微小的空间着陆器，用"腿"吸附于特定的受体大肠杆菌细胞的表面上，它还有一个中空的尾巴，可以把它的软件注射到细菌中去。我们最近才发现，T_4 噬菌体能够利用一个"像钢铁般坚硬的尖尖的长矛"来刺穿细胞膜。虽然被注入的 DNA 与它的宿主完全不同，但是用来编码的语言是相同的，所以目标细菌会执行指令来制造出一个噬菌体，并在这个过程中杀死自己。在制造了大约 100~150 个噬菌体后，细菌就"大暴发"了，从而释放出一大群新制造出来的噬菌体到周围环境中。

与对抗生素产生抗性类似，针对噬菌体，细胞也会发生变异，从而得以存活下来并发展成为对噬菌体有抗性的细胞。人类能够通过血液流动快速地清除噬菌体。但是噬菌体的出现确实可以成为抗生素的相当有意思的替代物。迄今，那些已经在治疗中被使用过的噬菌体都是从现实环境中分离出来的，包括从污水中分离出来的噬菌体，受科学技术发展水平的限制，以往我们只能利用天然噬菌体。然而，随着我们新的 DNA 合成和组装工具的出现，我们每天都能够设计并合成数以百计的新的噬菌体，或者合成 5 000 多个不同序列的新的噬菌体变种。有了这个独特的能力，我们将能够测试并实现迪海莱的梦想。

有了这些技术，我们就可以快速而完整地走完设计噬菌体的整个周期。从隔离到表达、从分析到让它演化，再到建成一个具有最佳治疗效果的噬菌体资料库，最终达到供临床使用并战胜超级细菌的目标，所有这一切都将变得非常迅捷。正如我们研究 phi X_{174} 的过程中已经证明的那样，感染选择——最可能繁殖噬菌体的目标细菌，也是最适合用噬菌体来感染它的——是一个非常强大的工具，它能够针对某种特定的性质极具针对性地、高效地筛选出新合成的噬菌体。

也许在不久的将来，我们就能够对来自个体病人的传染性病原体进行测序，以识别出目标细菌，然后迅速设计出量身定制的噬菌体疗法了。利用我前面所描述过的远距离传物技术，新的噬菌体能够被即时地送达病人体内、治疗中心或医院。合成的噬菌体也可以被设计成具有最大的效果，例如，它们可以被设计为专门针对超级细菌内的蛋白质和基因回路，而且不用去处理那些单独使用的或与抗生素联合使用常规药物就有效的细菌。我们相信，我们能够制造出被称为"溶素"（lysin）的更强大且更强有力的"杀戮机器"，它能够帮助噬菌体从受感染的细胞中"破体而出"。还有一种叫作 PlyC（链球菌 C_1 噬菌体溶素）的溶素能够比漂白剂更迅速地杀死细菌，它由 9 个蛋白零件所组成，这些蛋白零件组合成一个飞碟的样子，利用位于飞碟一侧的 8 个独立的对接部位把自己锁定在细菌的表面。PlyC 的两个"弹头"可以穿过细胞壁，从而杀死细菌，释放出噬菌体。溶素已经被开发出来控制范围广泛的革兰氏阳性病原体，比如金黄色葡萄球菌、肺炎链球菌、粪肠球菌、屎肠球菌、炭疽杆菌以及 B 组链球菌。

由于噬菌体有很多特殊的性质，因此人们也希望它们是安全的。2006 年 8 月，美国食品及药物管理局批准在肉类的表面上喷涂噬菌体试剂，专门针对单核细胞增多性李斯特菌，这种方法是由 Intralytix 公司所创造的。第二年，英国伦敦的皇家国家眼鼻喉医院对一个耳朵被感染了绿脓杆菌的患者（早期中耳炎患者）临床使用了噬菌体疗法，结果表明，这种疗法是有效的。

利用新的合成噬菌体来治疗耐药菌感染的潜在价值很可能很快就会成为现实，因为在合成基因组学和技术领域内，开发的步伐仍然在不断加快，而且几乎能够即时地传送遗传信息。但是，我们需要强调现代科学方法的严谨性，以便让噬菌体疗法脱离过去的伪科学性。这种治疗很可能会引起争议，因为噬菌体制剂是"病毒的鸡尾酒"，它们是有可能繁殖和演化的。毕竟它们也有"不光彩"的历史，曾经通过用基因武装细菌的方式导致了某些疾病，比如与白喉有关的细菌，所以必须认真细致地进行安全认证。不过，我认为，当这种方法开始显现出成功的希望时，比如在兽医学中或在治疗像痤疮这样的常见疾病明显见效后，这种担忧会迅速减少。

为了使遏制传染性疾病的可能成为现实，我的研究团队正在测试发送和接收 DNA 软件的方法。美国航空航天局为我们提供了资助，并允许我们在它横跨美国加州、内华达州、犹他州和亚利桑那州的试验场地莫哈韦沙漠进行实验。我们将通过使用 J. 克雷格·文特尔研究所的移动实验室来完成这些实验。这个移动实验室将配备有土壤采样设备、DNA 分离和 DNA 测序设备以及记录和测试所需要的所有设备。到时候，这个移动实验室将能够自动隔离土壤微生物，并对它们的 DNA 进行测序，然后利用一个被我们称为"数字化生命传送器"的设备将信息发送到云端。

我毫不怀疑，这种技术能够发挥重大作用。在过去的十年中，我们一直在全球各地进行远程采样，收集更原始的样本，大部分工作都是由"魔法师 II"号探险队所完成的。这个探险队是以我用于全世界海洋航行的游艇命名的。我们每隔 200 英里就进行样本的采集，目前记录的海上航行距离已经超过了 80 000 公里。如果我们拥有了上面提到的那种技术，那么我们就有可能边航行边测序了。而现在，由于受实验室测序技术的限制，即使在向自己的实验室传送样本时，我们也不得不依靠联邦快递和 UPS。

与我们正在建造的"数字化生命传送器"构成互补的，是我们正在建造的一个"接收器"。利用这个"接收器"，接收到的 DNA 就可以重新复制出来。目前，这个设备拥有许多五花八门的名称，包括"数字化生物转换器""生物传送器"以及《连线》杂志的前主编克里斯·安德森（Chris Anderson）所偏爱使用的"生命复制器"等。这也就意味着，以光的速度创造生命已经成了一场新的工业革命的一部分。我们将会看到，由于 3D 打印技术的发展，制造业将从过去的集中式工厂制造转变为未来分散的、家庭式的制造。现在，3D 打印技术正在被用于把胚胎干细胞安装进组织中以促进骨骼的生长，它还被用于建造飞机，甚至通过"混凝土打印"建造完整的建筑物。确实，为什么还要专门准备一个堆满了零部件的存货仓库呢？因为只要有一个虚拟的仓库，就可以在当地实现按需打印了。也许有一天，我们将会看到，每个人都能够制造他们所想要的所有产品，从门把手到智能手机，无一例外，甚至可能还包括下一代 3D 打印机本身！或许不久之后，你就可以利用智能手机为你的洗衣机、电视机或其他任何家电出故障的部分拍个照，再支付一点许可费，然后就可以在家里打印出一个一模一样的零部件来了。这样一来，消费文化的基础——购物商场和工厂——将会变得越来越无关紧要了。

在这种情况下，关键的经济考虑将是原材料以及知识产权的成本。至于这样做的好处，我认为最具革命性的可能是使用专门的打印机制造生物。当前，我们所能制造的"生物"仍然只限于蛋白质分子、病毒、噬菌体以及单一的微生物细胞等。但是，这个制造领域将会非常迅速地转移到更复杂的生物系统。目前已经出现了家用的 3D 打印机，许多研究机构和厂商已经在考虑使用改装后的喷墨打印机来打印细胞和器官。这是一个非常具有魅力的领域，它的工作方式将是，先按照血管或人类器官的形状生成一个结构矩阵，然后一层一层地将活的细胞打印上去。无论我们最终把这些设备命名为什么，我相信，在未来的几年内，我们将能够把数字化的信息转换为活的细胞，然后再把这些活的细胞转变为复杂得多细胞生物体，或者"打印"成三维的功能性的组织。打印生物体仍然有待时日，但是很快就会成为现实的可能。我们正在朝着一个无疆界的世界前进，电子和电磁波将会把数字化的信息传送到这里或那里以及任何一个地方。而在这些"信息波"的基础上，生命将会以光的速度移动。

结　语

只需4.3分钟传回基因信息，我们就能重造"火星人"！

假设火星上的生命与地球上的生命都是基于DNA的，假设火星有生命或者曾经有过生命，假设火星上有一个基因测序设备，可以读取任何有可能存在于那里的"火星人"的DNA序列，那么，只需要4.3分钟把"火星人"的基因序列发送回地球，我们就可以在地球上的实验室里重造"火星人"！

LIFE AT
THE SPEED
OF LIGHT

　　身体变为光、光又变为身体，这种转变非常符合大自然的规律。大自然似乎因这种嬗变而欣喜。

　　　　　　　　　　　　　　　　　—— 牛顿，《光学》

　　当生命最终能够以光的速度"旅行"时，宇宙就会收缩，而我们自己的力量则会膨胀。通过一个简单的计算就可以知道，在短短的4.3分钟内，我们能够发送电磁序列信息到位于火星上最近接收点的数字生物转换器中，为火星定居者提供疫苗、抗生素或个性化的药物。同样的，如果美国航空航天局的"好奇"号火星探测器装配有 DNA 的测序装置，它也能够把火星微生物的数字编码发送回地球，那么，我们就可以在地球上的实验室里重新创造出火星上的有机体。

　　用后面这种方法来寻找外星生命依赖于两个重要假设。首先，火星上的生命应该是与地球上的生命相同的，都是基于 DNA 的。我认为这是一个合理的假设，因为我们知道，在地球上的生命在大约 40 亿年前就已经存在了，而地球和火星一直在不断地交换着物质材料。当由于小行星和彗星的连续碰撞而产生的岩石和土壤被扔进太空中时，在太阳系中运行的行星和它们的卫星，包括地球，已经共享物质材料数十亿年了。化学分析证实，在地球上发现的火星陨石肯定是从这颗被小行星撞击后的红色星球表面掉落下来的。模拟实验也表明，在火星中喷发出来的物质材料中，只有 4% 到达了我们的星球（其中有些是在经过了长达 1 500 万年的"旅行"后才到达地球的）。即便如此，据估计，地球和火星每年都会交换大约 100 公斤的物质材料，这样就有可能使得在每一铲地球上的土壤中都包含有火星土壤的痕迹。因此，也有可能在很久之前地球上的微生物就长途跋涉到了火星，在火星的海洋中生存繁殖，而火星的微生物也在地球上生存了下来，得到了茁壮成长。

其次，也是更根本的，是我的一个假设，即生命在宇宙中无处不在。仍然有很多人相信（通常是宗教人士），从某种程度上说，地球上的生命是特殊的或者是独一无二的，我们在宇宙中是孤独的。但是，我不在这些人之列。

许多科学家坚信，火星将被证明是有生命的或者是曾经有过生命的。正因为如此，在解释来自这颗红色星球上的证据时，这些科学家以及媒体记者，一直有点倾向于"胡言乱语"。在本书的第 2 章中，我讲述了随着 1996 年发表的那篇论文而来的那种轰动的场景，这篇论文提供了一些似乎很确凿的证据，让一些美国航空航天局的科学家们确信火星微生物生命确实存在。我们正在讨论的这个问题中假设的生命迹象在一块被标记为 ALH 84001 的陨石中被观察到了。当然，在这个问题上，它远不是第一个模棱两可的信号。1989 年，由英国米尔顿的凯恩斯开放大学研究人员科林·皮林格（Colin Pillinger）所领导的一个研究团队在另一块火星陨石 EETA 79001 中也发现了一种有机物质，这种物质具有典型的活生物遗体的特征。不过，他们最后决定不对外宣布他们发现了火星上的生命。另一些人在重新评估美国航空航天局的"海盗"号登陆器所收集到的数据后，也看出了一些模糊的生命迹象。当"海盗"号登陆器于 1976 年在火星表面着陆时，对火星进行了第一次"现场考察"，其任务是专注于探测有机化合物。

在 2012 年年底，对"好奇"号火星探测器所携带的火星样本分析仪所发现的东西，人们也提出了许多大胆的猜测。这些样本是在火星上一个被命名为石窠（Rocknest）的风漂带中提取到的土壤颗粒。而早在几个星期之前，参加该项目的科学家已经在不经意间透露出了一个大家所期望的重大暗示性信号：他告诉美国全国公共广播电台，这些数据应该会"永载史册"。

然而，在当年的 12 月于圣弗朗西斯科召开的美国地球物理联盟会议上，与会的科学家们被告知，根据仪器分析，确实有证据证明这些东西是有机化合物，但是要证实这些有机化合物确实是火星上土生土长的东西，还有许多工作必须完成，听到这个消息后，大家的失望之情溢于言表。虽然这些数据似乎在暗示：火星上有可能存在生命，但是如果我们真要提出非凡的主张，则需要得到非凡证据的支持。

至于我本人，相信在火星上的生命曾经非常"繁荣兴旺"过，也许今天在火星的地表下仍存在生命。许多令人信服的数据表明，在火星的表面上曾经有液态水流动过，甚至可能存在过海洋。马杰维克丘（Matijevic Hill）周围的黏土表明，曾经存在于火星上的水非常干净，足以达到可以饮用的程度。在 2012 年年底，"好奇"号又发现了一个古老河床的遗迹，在那里曾经河流湍急。然而在今天，它似乎处于冰冻的状态，呈现出一种类似于极地冰盖和永久冻土的形式。越来越多的证据表明，在火星上存在着大量被冻结的地下水；而且根据推测，在火星的更深处存在着液态水。通过计算，人们估计，在火星的 4 000 米深处能够发现海水，在 8 000 米深处能够发现纯净的液态水。在火星的地表下还蕴藏着大量的甲烷，它的来源很有可能就是生物学意义上的；尽管我们不能排除，它的来源有可能是地质学意义上的，或者是两者的结合。

我自己也曾经参与过寻找地下生命的工作。我们的一个合成基因组学研究团队与英国石油公司合作，花了三年的时间研究科罗拉多州煤层气井中的生命。我们发现了一些显著的证据，在取自 1 600 米深处的水样本中，被发现的微生物的密度与海洋中的微生物密度是相同的（每毫升 100 万个细胞）。然而，地下生物体的生物多样性远不及在地表水中的生物多样性。之所以会出现这种情况，最有可能的原因是，缺乏氧气（所有地下深处的细胞都是厌氧的）和紫外线辐射，它们是基因突变的关键所在。作为这些条件以及缓慢的演化速度令人着迷的一个结果，我们发现，这些生物体中的一个基因组序列与那些从意大利火山喷发物中分离出来的微生物高度相似。虽然地下物种多样性程度并不算低，然而当我们观察任何一类生物时，发现只有 1%～3% 的变异，而在海洋中，我们看到的变异率却高达 50%，例如，SAR_{11} 是最丰富的海洋光合微生物。

我们发现，在地球的深处生存着一些"极端"微生物，它们能够利用存在于地下的二氧化碳和氢气生产出甲烷，其生产方式类似于生活于"烟民"附近的詹氏甲烷球菌细胞（"烟民"是太平洋海底 2 600 米深处一个热液喷口）。简单的计算表明，在我们这个星球的地表下面，存在着与肉眼可看得见的整个地表上一样多的生物和生物质能。地下的物种可能已经繁衍生长了几十亿年了。

如果人们认为液态水是生命的代名词，那么火星应该居住着与地球类似的生物。越来越多的证据表明，在 30 亿年前，火星上曾经有过海洋，最近一次出现海洋或许是在 10 亿年前，那是当时极地冰盖融化后产生的水流所形成的。来自许多火星着陆器和火星探测器的证据表明，虽然火星上曾经出现过宜居的环境条件，但火星表面的液态水可能在数十亿年前就已经干涸了。

火星表面的辐射水平远高于地球表面的辐射水平，因为火星上的大气层厚度只有我们地球上的大气层的 1/100，并且火星上没有一个全球性的磁场。因此，会有更多的移动迅速的带电粒子到达火星表面。在火星那种辐射水平下，生命是不太可能存活下去的。但是也不是绝对不可能，因为在地球上就确实存在着高度耐辐射的陆地生物，如耐辐射奇球菌。更有可能的一种情况是，火星上的生命躲进地下去避难了，因此样本必须从地下至少一米（甚至更深）的土壤中采集，在那里生物体将会受到保护。

如果能够证明在地表下或地表深处也不存在活细胞，那么寻找火星生命的目标将会发生转移。生命在火星的地下深层比在地球的地下深层更能茁壮成长，因为火星的温度梯度比地球更加平缓，而且地表也比地球更冷。下一步要做的是调查在冰盖下面是否保存着 DNA，虽然这个问题受限于完好无损的 DNA 能够存活多长时间这个条件。丹麦哥本哈根大学的莫顿·埃里克·艾伦托夫特（Morten Erik Allentoft）所进行的一项研究表明，DNA 的半衰期大约为 500 年，这意味着经过 500 年后，DNA 样本的核心部分核苷酸之间的连接有一半将会断裂，又经过另一个大约 500 年，余下的连接中的一半也将会遭到损坏，以此类推。当前的证据表明，如果把 DNA 保存在理想的温度条件下，那么它最长的生命周期大约为 150 万年，而在火星上干燥、寒冷的条件下有可能会使得 DNA 存活更长的时间。

　　但是，需要强调的一个事实是，对 20 世纪 70 年代由"海盗"号着陆器所收集到的数据的意义，科学家们现在仍在争论当中，我们在探测火星生命时，最希望的是收集到有关它存在生命的直接证据。自从"阿波罗 11"号返回时从月球上带回了第一个地球外的样本（一块约 60 公斤重的岩石）后，人们迫切希望能从火星上带来土壤样本以供研究。持这种观点的人认为，在地球上的科学家比在火星上的机器人更有可能对样本进行更为深入细致的分析。然而载人火星任务仍然是一个遥远的前景，因此我们可以先使用机器人。苏联率先通过机器人带回了样本，特别是通过"月球 16"号，它返回时从月球上带回了 101 克物质。1975 年，苏联人还策划了第一个带回火星样本的计划，这个计划被称为"火星 5NM"，让一个 20 吨重的机器人完成任务，但是后来这个计划被取消了。

　　自那之后，"创世纪"号完成了外星物质的传送，它还能够把太阳风的样本带回地球（虽然它于 2004 年坠毁在犹他州的沙漠上）；"星尘"号飞船在 2006 年从维尔特 2 号彗星上获得了样本；日本的"隼鸟"号探测器与小行星 25143 系川会合并降落在了它的上面，然后从这颗小行星上收集到了样本并返回了地球。然而，这种任务困难重重。例如，俄罗斯曾经实施"福布斯—土壤"任务，计划从火星的一颗卫星（火卫一号）上把样本带回地球，但是却因为探测器未能离开地球轨道而失败，最终探测器坠入南太平洋。美国航空航天局也早就策划过火星采样返回任务，但是由于得不到充足的资金支持而一直都未能实现。

　　任何一个火星任务都面临着一系列非同小可的技术挑战。仔细研究太空探索记录，你会发现，这颗红色行星实际上是太阳系的百慕大三角。许多任务在那里都以失败告终，从 20 世纪 60 年代苏联的"火星 1M 计划"到英国命运多舛的"小猎犬2"（2003 年，当它离开母船登陆到火星表面后便失去了联系），都不尽如人意。一次成功的取样返回意味着任务器必须安全地发射、安全地着陆，然后从曾经有水存在的符合要求的地点采集回样本（而且采集回来的样本最好分属几个不同的地点），最后再把这些样本带回地球。在这样的方案中，要完成从两个不同的地点采集回重量为 500 克样本的任务，需要用到 15 个不同的交通工具和航天器以及两个运载火箭，从发射到采集好宝贵的样本返回地球耗时大约三年时间。

在这个过程中，还必须采取好几个步骤以确保样本不会被地球上的动植物污染，虽然这种情况极有可能发生，因为在经过这么多项目之后，我们地球上的生物已经影响火星了。任何与火星物种相接触的采样返回航天器的任何一个零部件都必须是无菌的，以避免损害生命探测实验。现在的测序仪是非常敏感的，如果有一个地球微生物进入到从火星带回来的样本中，那么很可能会毁了整个实验。污染一直都是许许多多实验的克星，无论是在法医学实验中，还是在试图重新构造古老 DNA 的实验中，都是如此。

污染这个问题又是双向的，还必须采取一些步骤确保任何可能的火星生命形式不会污染地球。如上所述，我们可能担心这个问题太晚了，晚了大约十亿年，因为火星生命有可能已经在地球了。火星采样返回任务比任何一个其他飞行任务更需要严格地遵守行星保护公约。1967 年签署的《关于各国探索和利用外层空间包括月球与其他天体活动所应遵守原则的条约》（又名《外层空间条约》）的第九条规定："本条约各缔约国对外层空间，包括月球与其他天体在内进行的研究和探索，应避免使它们受到有害污染以及避免将地球外物质带入地球而使地球环境发生不利变化，并应在必要时为此目的采取适当措施。"

　　尽管目前还没有科学的数据来支持这种担忧，但还有一些人认为，有充分的理由需要保持谨慎。我想，这部分原因是基于对未知的恐惧。在科幻小说家中，现代的玛丽·雪莱以及后来的迈克尔·克莱顿都给出了最好的例证。玛丽·雪莱这个由医学博士"摇身一变"成为科幻小说作家的人非常擅长讲故事，读她的书是令人愉悦的。但是，像《弗兰肯斯坦》一样，她的小说中也包含了强烈的反科学主题，并结合了幻想、暴力以及那种能够在格林兄弟的警示性童话中看到的因果报应思想（"灰姑娘""小红帽""长发公主"以及其他一些作品），从而让公众陷入深深的恐惧当中。在1971年的经典科幻电影《天外来菌》（*The Andromeda Strain*）中，一颗军用卫星坠毁在沙漠中，在它被修复之前，附近一个小镇的居民因一种致命的瘟疫而大量死亡，而致病的菌株原来是一种完全不同于地球上的所有生命的东西。不过，幸运的是，现代科学能够解决大部分来自从遥远天体带回来的样本所带来的潜在问题。

　　最近的一个火星任务是"好奇"号探测器于2012年8月6日成功着陆于盖尔陨石坑中。这个探测器携带着一系列复杂的仪器，包括一台 α 粒子 X 射线分光计；一台 X 射线衍射和 X 射线荧光分析仪；用于检测氢气、冰和水的脉冲中子源和检测器；一个环境监测站；还有能够区分地质化学和生物来源以及分析有机物和气体的仪器套件，其中包括能够从气体和固体样本中检测出二氧化碳和甲烷中的氧和碳同位素比例的仪器。

　　在这些仪器中，大部分都比现代的 DNA 测序仪更加复杂，例如其中一个由美国生命技术公司（Life Technologies）所制造的仪器，它能够固定在桌面上。这种"离子激流"测序仪使用了互补性的金属氧化物半导体技术（类似于应用在数码相机中的那种技术），创造了世界上最小的固态 pH 计，它能够把化学信息转化为数字信息。它采用半导体芯片，体积比拇指大不了多少，拥有 1.65 亿~6.6 亿个"小孔"，允许同时进行测序。单链 DNA 的一端被绑定在微小的珠子上，这些珠子分布在这些微小的孔中。这些小孔随后会被含有四种核苷酸及 DNA 聚合酶的溶液所填满。例如，如果一个核苷酸 A 被添加进 DNA 模板中，然后被连接到 DNA 链中，一个质子（氢离子）就会被释放出来，从而引起小孔中 pH 值的变化，这能够被芯片检测出来。计算机会对 pH 值发生变化的小孔做好登记工作，并记录为字母 A。这个过程能够一遍又一遍地重复，并且能够把这亿万个小孔中的每一个小孔的 DNA 代码中的数以百计的字母都读出来。这与大多数 DNA 测序技术都不一样，它在读取信号时没有光学要求，因此这项技术是稳健可靠的且不受运动的影响。这项技术能够被微型化，可被方便地用于航天任务，在航天技术中，有效的载荷重量和体积是至关重要的技术。尽管有关样本的采集、DNA 提取以及 DNA 测序的准备工作，还有几个问题需要克服，但是没有一个问题存在着不可逾越的障碍。

这一天已经离我们不远了。不久之后，当我们在执行探测任务时，将有能力发送一个能够控制基因测序单元的机器人到其他星球上，以读取任何有可能存在于那里的外星微生物生命的 DNA 序列，无论它是正在活着的生命，还是被保存下来的遗体。我相信，无论是对美国航空航天局来说，还是对私人研究团队来说，获得一个能够钻探得足够深以到达液态水水位上的合适钻头，都将是一个更大的挑战。好消息是，一个即将执行的任务能够向地下钻入几米，这很可能足以检测到被冰冻的生命痕迹。

如果火星微生物是基于 DNA 的，如果我们能够获得火星上微生物的基因序列，并且把它发送回地球，那么我们就能够重构基因组了。这是一个顺理成章的结论，并不需要多大的思想跳跃。这样，我们就可以利用合成的火星生命基因组来重新创造火星生命，而不必费心去解决带回一个完好无缺的样本时所要面临的一系列不可思议的物流难题了。我们可以在 P4 宇航服实验室（容量最大的一个实验室）中重构火星人，而不需要冒"火星人"坠落于海洋中或者紧急降落于亚马孙河中的风险。如果我们能够成功地复制"火星人"，那么我们就拥有了全新的探索宇宙的方法，我们可以对通过开普勒空间天文台发现的成千上万个的地球和超级地球进行探测。把一个测序仪搬到这些外太空地球上，以目前的火箭技术来看是不可能的，因为离地球最近的那个外太空地球——围绕红矮星格利泽 581 的那颗行星离地球大约也有 22 光年，因此到它那里收集数据发送回来最少需要 22 年的时间，如果高级生命确实存在于那个星系上，或许它早已在向宇宙发送基因序列信息了，就像我们前几年所做的那样。

以光的形式发送 DNA 软件的能力将会衍生出许多激动人心的结果。在过去的十年里，在完成了对我自己的基因组的测序之后，我本人的 DNA 软件就已经以电磁波的形式向宇宙"广播"了。因为这些电磁波会送入太空，所以它们已经携带着我的遗传信息，到达了远远超出地球范围的宇宙深处。在这些电磁波的帮助下，我的生命现在正以光的速度运动着。尽管在外太空是否存在着能够搞清楚我的基因组中包括的指令的任何生命形式，现在仍然是一个谜，它或许超出了薛定谔在半个世纪或更早之前提出来的那个"小小的问题"的范围了。

在那个温暖的都柏林晚上，我在我的"薛定谔演讲"的结论部分告诉听众，自从薛定谔在他的那个里程碑式的演讲中提出了"生命的本质"这一问题之后，科学已经带领我们走过了一段令人难以置信的旅程。在这 70 多年的时间里，我们不断前行，从对我们的遗传物质一无所知，到知道遗传信息的载体就是 DNA，再到破解遗传密码、测序基因组，到现在我们甚至能够写出基因组来创造新的生命了。我已经提到过，合成生物学中可以证明"DNA 是生命的软件"的证据，正在形成一种新的知识和力量，它为我们创造出许多新的机会。我们仍然站立在薛定谔的演讲所引发的汹涌浪潮上。很难想象，在接下来的 70 年里，这股浪潮将会把我们带向何方。但是有一点我非常清楚，无论这个生物学的新时代把我们引向何方，这个航程都将会是非常精彩的。

我在翻译《富足》一书的时候，克雷格·文特尔就给我留下了深刻的印象。现在，《生命的未来》一书终于译完，对文特尔这个奇人、对他的异事，我都有了更深入的了解。

尽管我对生物学界的情况不太了解，但是我还是愿意大胆地猜测一下：文特尔或许是全世界最乐观的生物学家了吧。在本书中，文特尔指出，数字生命时代正在向我们走来！计算机科学与合成生物学的结合，将彻底改变我们这个星球的面貌。不久之后，我们设计出来的细胞和有机体，就能够制造出生物燃料、分解污染物质、生产全新的药物，甚至在地球上重建外星球的生命形式（假设人类能得到外星人的 DNA 序列），或者以光速将人类送到外星球上。

文特尔给我打开了一片新天地，让我时时欢喜赞叹！在翻译过程中，我忍不住经常向身边的人转述书中描述的种种奇妙之处。影响所及，连我刚上小学二年级的儿子贾岚晴也整天"蛋白质、氨基酸、DNA"不离口。儿子对这本书充满了期待。其实，我已经翻译过很多本书了，只有这一本，他郑重其事地对我说："爸爸，出版后，你可要签好名，送我一本！"这确实是从来没有过的最美妙体验。

因此在这里，请允许我把这本书献给我的儿子贾岚晴。托戴曼迪斯、文特尔等人的福，我现在已经敢于相信，待他长大时，世界应该已经变得更加美好了。

感谢我的妻子傅瑞蓉给我的帮助。她是我所有作品的第一位读者和批评者，总是可以帮助我做出很多改进。感谢儿子贾岚晴，他的成长和进步是我最大的快乐。感谢岳父傅美峰、岳母蒋仁娟两位老人对我儿子的悉心照料。

感谢湛庐文化的策划编辑简学老师对我的信任和帮助。

感谢汪丁丁教授、叶航教授和罗卫东教授的教诲。感谢何永勤、虞伟华、余仲望、鲍玮玮、傅晓燕、傅锐飞、陈叶烽、李欢、傅旭飞、丁玫、何志星、陈贞芳、楼霞、郑文英、商瑜、李晓玲等好友的帮助。

我任职的机构以"跨学科研究中心"为名，我自己也从来不惧惮进入全新的学科领域学习、探索，但是翻译《生命的未来》的经历，仍然算得上是一次智识冒险。这一次，我真的是边学习边翻译的。尽管我如履薄冰，自问已经尽了最大努力，但仍然担心辜负了文特尔这本好书。因此，特别需要专家和读者的批评指正！

湛庐，与思想有关……

如何阅读商业图书

商业图书与其他类型的图书，由于阅读目的和方式的不同，因此有其特定的阅读原则和阅读方法，先从一本书开始尝试，再熟练应用。

阅读原则1 二八原则

对商业图书来说，80%的精华价值可能仅占20%的页码。要根据自己的阅读能力，进行阅读时间的分配。

阅读原则2 集中优势精力原则

在一个特定的时间段内，集中突破20%的精华内容。也可以在一个时间段内，集中攻克一个主题的阅读。

阅读原则3 递进原则

高效率的阅读并不一定要按照页码顺序展开，可以挑选自己感兴趣的部分阅读，再从兴趣点扩展到其他部分。阅读商业图书切忌贪多，从一个小主题开始，先培养自己的阅读能力，了解文字风格、观点阐述以及案例描述的方法，目的在于对方法的掌握，这才是最重要的。

阅读原则4 好为人师原则

在朋友圈中主导、控制话题，引导话题向自己设计的方向去发展，可以让读书收获更加扎实、实用、有效。

阅读方法与阅读习惯的养成

（1）回想。阅读商业图书常常不会一口气读完，第二次拿起书时，至少用15分钟回想上次阅读的内容，不要翻看，实在想不起来再翻看。严格训练自己，一定要回想，坚持50次，会逐渐养成习惯。

（2）做笔记。不要试图让笔记具有很强的逻辑性和系统性，不需要有深刻的见解和思想，只要是文字，就是对大脑的锻炼。在空白处多写多画，随笔、符号、涂色、书签、便签、折页，甚至拆书都可以。

（3）读后感和PPT。坚持写读后感可以大幅度提高阅读能力，做PPT可以提高逻辑分析能力。从写读后感开始，写上5篇以后，再尝试做PPT。连续做上5个PPT，再重复写三次读后感。如此坚持，阅读能力将会大幅度提高。

（4）思想的超越。要养成上述阅读习惯，通常需要6个月的严格训练，至少完成4本书的阅读。你会慢慢发现，自己的思想开始跳脱出来，开始有了超越作者的感觉。比拟作者、超越作者、试图凌驾于作者之上思考问题，是阅读能力提高的必然结果。

好的方法其实很简单，难就难在执行。需要毅力、执著、长期的坚持，从而养成习惯。用心学习，就会得到心的改变、思想的改变。阅读，与思想有关。

[特别感谢：营销及销售行为专家 孙路弘 智慧支持！]

も 我们出版的所有图书，封底和前勒口都有"湛庐文化"的标志

并归于两个品牌

も 找"小红帽"

为了便于读者在浩如烟海的书架陈列中清楚地找到湛庐，我们在每本图书的封面左上角，以及书脊上部 47mm 处，以红色作为标记——称之为**"小红帽"**。同时，封面左上角标记**"湛庐文化 Slogan"**，书脊上标记**"湛庐文化 Logo"**，且下方标注图书所属品牌。

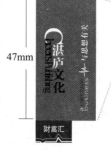 

47mm

湛庐文化主力打造两个品牌：**财富汇**，致力于为商界人士提供国内外优秀的经济管理类图书；**心视界**，旨在通过心理学大师、心灵导师的专业指导为读者提供改善生活和心境的通路。

も 用轻型纸

您现在正在阅读的这本书所使用的是轻型纸，有白度低、质感好、韧性好、油墨吸收度高等特点。

も 关注阅读体验

我们目前所使用的字体、字号和行距，是在经过大量调查研究的基础上确定的，符合读者阅读感受。每页设计的字数可以在阅读疲劳周期的低谷到来之前，使读者稍作停顿，减轻读者的阅读疲劳，舒适的阅读感觉油然而生。

所有的一切都为了给您更好的阅读体验，代表着我们"十年磨一剑"的专注精神。我们希望湛庐能够成为您事业与生活中的伙伴，帮助您成就事业，拥有更为美好的生活。

湛庐文化获奖书目

《大数据时代》
国家图书馆"第九届文津奖"十本获奖图书之一
CCTV"2013中国好书"25本获奖图书之一
《光明日报》2013年度《光明书榜》入选图书
《第一财经日报》2013年第一财经金融价值榜"推荐财经图书奖"
2013年度和讯华文财经图书大奖
2013亚马逊年度图书排行榜经济管理类图书榜首
《中国企业家》年度好书经管类TOP10
《创业家》"5年来最值得创业者读的10本书"
《商学院》"2013经理人阅读趣味年报·科技和社会发展趋势类最受关注图书"
《中国新闻出版报》2013年度好书20本之一
2013百道网·中国好书榜·财经类TOP100榜首
2013蓝狮子·腾讯文学十大最佳商业图书和最受欢迎的数字阅读出版物
2013京东经管图书年度畅销榜上榜图书，综合排名第一，经济类榜首

《牛奶可乐经济学》
国家图书馆"第四届文津奖"十本获奖图书之一
搜狐、《第一财经日报》2008年十本最佳商业图书

《影响力》（经典版）
《商学院》"2013经理人阅读趣味年报·心理学和行为科学类最受关注图书"
2013亚马逊年度图书分类榜心理励志图书第八名
《财富》鼎力推荐的75本商业必读书之一

《人人时代》（原名《未来是湿的》）
CCTV《子午书简》·《中国图书商报》2009年度最值得一读的30本好书之"年度最佳财经图书"
《第一财经周刊》·蓝狮子读书会·新浪网2009年度十佳商业图书TOP5

《认知盈余》
《商学院》"2013经理人阅读趣味年报·科技和社会发展趋势类最受关注图书"
2011年度和讯华文财经图书大奖

《大而不倒》
《金融时报》·高盛2010年度最佳商业图书入选作品
美国《外交政策》杂志评选的全球思想家正在阅读的20本书之一
蓝狮子·新浪2010年度十大最佳商业图书，《智囊悦读》2010年度十大最具价值经管图书

《第一大亨》
普利策传记奖，美国国家图书奖
2013中国好书榜·财经类TOP100

《真实的幸福》
《第一财经周刊》2014年度商业图书TOP10
《职场》2010年度最具阅读价值的10本职场书籍

《星际穿越》
2015年全国优秀科普作品三等奖

《翻转课堂的可汗学院》
《中国教师报》2014年度"影响教师的100本书"TOP10
《第一财经周刊》2014年度商业图书TOP10

湛庐文化获奖书目

《爱哭鬼小隼》
国家图书馆"第九届文津奖"十本获奖图书之一
《新京报》2013年度童书
《中国教育报》2013年度教师推荐的10大童书
新阅读研究所"2013年度最佳童书"

《群体性孤独》
国家图书馆"第十届文津奖"十本获奖图书之一
2014"腾讯网•唉书局"TMT十大最佳图书

《用心教养》
国家新闻出版广电总局2014年度"大众喜爱的50种图书"生活与科普类TOP6

《正能量》
《新智囊》2012年经管类十大图书，京东2012好书榜年度新书

《正义之心》
《第一财经周刊》2014年度商业图书TOP10

《神话的力量》
《心理月刊》2011年度最佳图书奖

《当音乐停止之后》
《中欧商业评论》2014年度经管好书榜•经济金融类

《富足》
《哈佛商业评论》2015年最值得读的八本好书
2014"腾讯网•唉书局"TMT十大最佳图书

《稀缺》
《第一财经周刊》2014年度商业图书TOP10
《中欧商业评论》2014年度经管好书榜•企业管理类

《大爆炸式创新》
《中欧商业评论》2014年度经管好书榜•企业管理类

《技术的本质》
2014"腾讯网•唉书局"TMT十大最佳图书

《社交网络改变世界》
新华网、中国出版传媒2013年度中国影响力图书

《孵化Twitter》
2013年11月亚马逊（美国）月度最佳图书
《第一财经周刊》2014年度商业图书TOP10

《谁是谷歌想要的人才？》
《出版商务周报》2013年度风云图书•励志类上榜书籍

《卡普新生儿安抚法》（最快乐的宝宝1·0~1岁）
2013新浪"养育有道"年度论坛养育类图书推荐奖

《超级合作者》

◎ 哈佛大学数学与生物学教授，进化动力学中心主任马丁·诺瓦克权威作品；

◎ 一部洞悉人类社会与行为的里程碑式科普著作；

◎ 合作达成的五种机制：直接互惠、间接互惠、空间博弈、群体选择以及亲缘选择；

◎ 合作是继突变和自然选择之后的第 3 个进化原则。

扫码直达本书购买链接

《语言本能》

◎ 当代最伟大思想家、世界顶尖语言学家和认知心理学家史蒂芬·平克扛鼎之作；

◎ "语言与人性"四部曲之一；

◎ 一扇了解语言器官、破解语法基因、进入人类心智的大门；

◎ 一些令人信服、生动有趣的例证，一场常识对谬论的彻底胜利。

扫码直达本书购买链接

《心智探奇》

◎ 当代最伟大思想家、世界顶尖语言学家和认知心理学家史蒂芬·平克扛鼎之作；

◎ "语言与人性"四部曲之一；

◎ 权威解答"什么是智能"这一深刻问题，破解机器人难题；

◎ 详细剖析心智的四大能力，权威解读"心智如何工作"；

◎ 一扇窥视人类心智活动神奇与奥秘的窗户，一场探索心智本质的奇幻之旅。

扫码直达本书购买链接

《大连接》

◎ 社会网络研究权威专家尼古拉斯·克里斯塔基斯最新力作；

◎ 相距三度之内是强连接，强连接可以引发行为；相距超过三度是弱连接，弱连接只能传递信息；

◎ 社会网络是如何形成的以及对人类现实行为的影响；

◎ 三度影响力是社会化网络的强连接原则，决定着社会化网络的功能。

扫码直达本书购买链接

Life at the Speed of Light: From the Double Helix to the Dawn of Digital life

Copyright © 2013 by J. Craig Venter.

图书在版编目（CIP）数据

生命的未来 /（美）文特尔著；贾拥民译 . —杭州：浙江人
民出版社，2016.6
ISBN 978-7-213-07309-0

Ⅰ.①生… Ⅱ.①文… ②贾… Ⅲ.①人类基因—克隆
—普及读物 Ⅳ.①Q987-49

中国版本图书馆 CIP 数据核字（2016）第 092747 号

浙 江 省 版 权 局
著作权合同登记章
图字:11-2016-28号

上架指导：经济学 / 生命科学

生命的未来

作　　者：［美］克雷格·文特尔　著
译　　者：贾拥民　译
出版发行：浙江人民出版社（杭州体育场路347号　邮编　310006）
　　　　　市场部电话：（0571）85061682　85176516
集团网址：浙江出版联合集团　http://www.zjcb.com
责任编辑：金　纪
责任校对：朱志萍
印　　刷：北京楠萍印刷有限公司
开　　本：720mm × 965 mm　1/16　　　印　　张：17
字　　数：20.5万　　　　　　　　　　　插　　页：3
版　　次：2016年6月第1版　　　　　　印　　次：2016年6月第1次印刷
书　　号：ISBN 978-7-213-07309-0
定　　价：69.90元